前進大陸開店
互聯網行銷實訓

主　編　袁　也
副主編　申笑宇、姚　遠

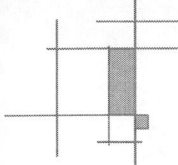

前 言

在「互聯網+」時代，新的網絡業態和商業模式的變革對高校市場行銷類的人才培養和發展模式提出了新的挑戰，這就需要我們用互聯網的跨界融合思維去引導學生。結合自身的教學、企業管理諮詢、培訓的工作經歷，從互聯網新技術、新業態、新思維的視角，在參考國內外同類優秀教材的基礎上，重新對互聯網行銷實訓這門課程進行定位，並在對教學質量加以評估的基礎上，完成了本教材的編寫。本教材的特色主要有以下幾個方面：

（1）本教材適用於高等學校經濟管理專業課程，主要是本科的工商管理、市場行銷等專業。

（2）本教材分為理論篇、實戰篇、案例篇三個部分。其內容涵蓋互聯網行銷領域經典理論，詳盡透澈，結構合理，邏輯性強。全書沿著「理論—實踐—案例」的邏輯主線進行教學，由淺入深，通俗易懂。

（3）本教材結合學校專業學科建設，並與企業實際相聯繫。其依託重慶郵電大學與百度共建的互聯網網絡行銷實驗室、中央與地方共建實驗室等平臺，結合SEO搜索引擎沙箱模擬軟件，將互聯網行銷的創意帳戶設置、創意撰寫、實驗設計、案例操作融為一體，把現在企業通過互聯網推廣的實踐應用和模擬軟件有機地結合起來，內容體系緊扣重慶郵電大學經濟管理專業特色人才所必備的基本原理、基本方法、基本技能和應用。

（4）本教材突出經濟和效率的原則。在有限的實驗課程安排下，本教材融入成熟、先進、恰當的互聯網行銷理論和方法，適當增加實際企業案例，應用百度SEO搜索引擎沙箱軟件進行後臺模擬。教材針對性強，內容合理、新穎，篇幅適當，經濟實用，是經濟管理專業學生學習互聯網行銷實驗課程的一本較為合適的教學用書。

目 錄

理論篇

1 **緒論** / 3
    1.1 網絡行銷概述 / 3
        1.1.1 網絡行銷的產生與發展 / 3
        1.1.2 網絡行銷的定義 / 4
        1.1.3 網絡行銷的特點 / 4
        1.1.4 網絡行銷和傳統行銷 / 5
    1.2 網絡行銷理論基礎 / 6
        1.2.1 4P、4C 行銷理論 / 6
        1.2.2 直復行銷理論 / 7
        1.2.3 整合行銷理論 / 7
        1.2.4 關係行銷理論 / 8
        1.2.5 軟行銷理論 / 8
    1.3 新興網絡行銷模式 / 9
        1.3.1 SNS 網絡行銷 / 9
        1.3.2 微博行銷 / 10
        1.3.3 微信行銷 / 11
        1.3.4 搜索引擎行銷 / 13

2 **SEO 理論概述** / 16
    2.1 SEO 概述 / 16
        2.1.1 SEO 的定義 / 16
        2.1.2 SEO 的作用與網站 / 16
        2.1.3 搜索推廣的競價與推廣 / 17
        2.1.4 SEO 的特點 / 18
    2.2 SEO 的基本概念與術語 / 19

    2.2.1　網站、網站的域名和空間　／19
    2.2.2　超連結、內連結和外連結　／20
    2.2.3　錨文本、導入與導出連結　／24
  2.3　關鍵詞及創意　／25
    2.3.1　關鍵詞的定義及其分類　／25
    2.3.2　各種關鍵詞的特點及作用介紹　／26
    2.3.3　關鍵詞的尋找　／28
    2.3.4　關鍵詞匹配方式選擇與出價　／29
    2.3.5　關鍵詞質量度與否定關鍵詞　／30
    2.3.6　創意的撰寫與展現　／32
  2.4　SEO 相關操作技巧　／33
    2.4.1　宣傳鏈輪　／33
    2.4.2　網站外鏈、收錄量及排名　／34
    2.4.3　錯誤連結、死連結和404錯誤界面　／35
    2.4.4　百度權重和PR　／37
    2.4.5　nofollow 標籤　／38
  2.5　百度搜索推廣基本內容介紹　／38
    2.5.1　百度搜索引擎推廣　／38
    2.5.2　推廣帳戶、推廣計劃與推廣單元　／40
    2.5.3　帳戶、推廣計劃與推廣單元狀態　／41
    2.5.4　預算、推廣地域、推廣時段與移動出價比例　／42

實戰篇

3　**實驗一：系統使用基礎**　／47
  3.1　實驗目的　／47
  3.2　客戶基本信息　／47
  3.3　實驗內容　／48

3.4　實驗要求　　/ 48
　　3.5　實驗步驟　　/ 48
　　3.6　實驗任務　　/ 56

4　**實驗二：各層級設置**　/ 57
　　4.1　實驗目的　　/ 57
　　4.2　客戶基本信息　/ 57
　　4.3　實驗內容　　/ 58
　　4.4　實驗要求　　/ 58
　　4.5　實驗步驟　　/ 58
　　4.6　實驗任務　　/ 68

5　**實驗三：進階訓練（一）**　/ 69
　　5.1　實驗目的　　/ 69
　　5.2　客戶基本信息　/ 69
　　5.3　實驗內容　　/ 70
　　5.4　實驗要求　　/ 70
　　5.5　實驗步驟　　/ 70
　　5.6　實驗任務　　/ 75

6　**實驗四：進階訓練（二）**　/ 77
　　6.1　實驗目的　　/ 77
　　6.2　客戶基本信息　/ 77
　　6.3　實驗內容　　/ 78
　　6.4　實驗要求　　/ 78
　　6.5　實驗步驟　　/ 78
　　6.6　實驗任務　　/ 88

案例篇

7 案例一：手機在北京和天津的推廣 /91
   7.1 客戶基本信息 /91
   7.2 搜索推廣操作 /91
       7.2.1 建立帳戶結構 /91
       7.2.2 添加關鍵詞 /95
       7.2.3 新增創意 /101
   7.3 各層級設置 /105
       7.3.1 帳戶層級設置 /105
       7.3.2 推廣計劃層級設置 /108
       7.3.3 推廣單元層級設置 /110
       7.3.4 關鍵詞層級設置 /114
       7.3.5 創意層級設置 /118
   7.4 實驗任務 /121

8 案例二：電冰箱在重慶和成都的推廣 /123
   8.1 客戶基本信息 /123
   8.2 搜索推廣操作 /123
       8.2.1 建立帳戶結構 /123
       8.2.2 添加關鍵詞 /126
       8.2.3 新增創意 /131
   8.3 各層級設置 /134
       8.3.1 帳戶層級設置 /134
       8.3.2 推廣計劃層級設置 /136
       8.3.3 推廣單元層級設置 /138
       8.3.4 關鍵詞層級設置 /140
       8.3.5 創意層級設置 /142

8.4 實驗任務　/ 145

9 案例三：王牌大米公司在全國的推廣　/ 147
9.1 客戶基本信息　/ 147
9.2 搜索推廣操作　/ 147
　9.2.1 建立帳戶結構　/ 147
　9.2.2 添加關鍵詞　/ 149
　9.2.3 新增創意　/ 151
9.3 各層級設置　/ 153
　9.3.1 帳戶層級設置　/ 153
　9.3.2 推廣計劃層級設置　/ 155
　9.3.3 推廣單元層級設置　/ 160
　9.3.4 關鍵詞層級設置　/ 162
　9.3.5 創意層級設置　/ 164

10 案例四：蛋糕店在重慶與成都的推廣　/ 167
10.1 客戶基本信息　/ 167
10.2 搜索推廣操作　/ 169
　10.2.1 建立帳戶結構　/ 169
　10.2.2 添加關鍵詞　/ 171
　10.2.3 新增創意　/ 174
10.3 各層級設置　/ 179
　10.3.1 帳戶層級的設置　/ 179
　10.3.2 推廣計劃層級的設置　/ 179
　10.3.3 推廣單元層級設置　/ 183
　10.3.4 關鍵詞層級設置　/ 186
　10.3.5 創意層次設置　/ 188

理論篇

1 緒論

1.1 網絡行銷概述

1.1.1 網絡行銷的產生與發展

2017年8月,中國互聯網絡信息中心(CNNIC)在京發布第40次《中國互聯網絡發展狀況統計報告》。截至2017年6月,中國網民規模達到7.51億,占全球網民總數的五分之一。互聯網普及率為54.3%,超過全球平均水準4.6個百分點。國際互聯網(Internet)的高速發展催生了網絡技術的應用與推廣。21世紀是信息網絡的時代,全球範圍內互聯網應用的熱潮席捲而來,世界各大公司紛紛上網提供信息服務和拓展業務範圍,積極改組企業內部結構和發展新的管理行銷方法。網絡行銷作為信息網絡時代一種全新的行銷理論和行銷模式,是適應網絡技術發展與信息網絡年代社會變革的新生事物,將成為本世紀嶄新的低成本、高效率的新型商業模式之一。

隨著科技的進步,社會的發展與文明程度的提高,消費者的消費觀念也發生了轉變,消費者開始主動通過各種渠道獲取商品信息。隨著市場競爭的日益激烈,為了在競爭中佔有優勢,企業經營者迫切需要新的行銷方法和行銷理念武裝頭腦,幫助自身在競爭中出奇制勝。企業開展網絡行銷,可以縮短資金週轉鏈,加快企業信息的獲取與反饋,在潛力巨大的市場上抓住機遇,提高競爭力。

在中國,網絡行銷起步較晚,1996年中國企業開始在商務領域開展網絡行銷活動。1997—2000年是中國網絡行銷的起始階段,電子商務快速發展,越來越多的企業開始注重網絡行銷;2000年,中國網絡行銷進入應用和發展階段,網絡行銷服務市場的趨勢初步形成,企業網站建設迅速發展,網絡廣告不斷創新,行銷工具與手段不斷湧現和發展;到2008年6月底,中國網民人數達2.53億人,居世界第一位,網購人數達6,329萬人;到2009年12月底,中國網民人數近4億人,居全球第一;到2010年6月底,總體網民規模達到4.2億人;截至2011年6月底,中國網民總數達到4.85億人,互聯網普及率為36.2%,較2010年12月底提高1.9個百分點。隨著入網門檻的不斷降低,中國網民人數到2012年將突破5億人,網絡行銷活動正活躍地介入企業的生產經營中。國內網絡市場在高速軌道上全速前行,成為一個新興的潛力巨大的市場。因此,企業如何在潛力如此巨

大的市場上開展網絡行銷、占領新興市場對企業來說既是機遇又是挑戰。

1.1.2 網絡行銷的定義

1. 市場行銷的概念

2013年7月，美國市場行銷協會（American Marketing Association，AMA）將市場行銷定義為：市場行銷是在創造、溝通、傳播和交換產品中，為顧客、客戶、合作夥伴以及整個社會帶來價值的一系列活動、過程和體系。具有「現代行銷學之父」之稱的美國教授菲利普·科特勒在《行銷管理》一書中強調了行銷的價值導向，認為市場行銷是個人和集體通過創造並同別人自由交換產品和價值，來獲得其所需所欲之物的一種社會管理過程。

2. 網絡行銷的概念

網絡行銷的同義詞包括網上行銷、互聯網行銷、在線行銷、網路行銷等。網絡行銷在國外有許多翻譯的方法，如Cyber Marketing，Internet Marketing，Network Marketing，E-Marketing等。不同的單詞詞組有著不同的涵義：Cyber（計算機虛擬空間）Marketing主要是指網絡行銷是在虛擬的計算機空間進行運作；Internet Marketing是指在Internet上開展的行銷活動，同時這裡指的網絡不僅僅是Internet，還可以是一些其他類型網絡，如增值網絡VAN；E-Marketing，E表示電子化、信息化、網絡化，而且與電子商務（E-Business）、電子虛擬市場（E-Market）等進行對應。

自20世紀60年代網絡興起以來，網絡行銷理論就不斷被提出。美國經濟學家托馬斯·馬龍教授最早提出網絡行銷概念，並把網絡行銷分為狹義和廣義的網絡行銷。狹義的網絡行銷指的是在運用電子化的買賣過程中，賣方找到潛在的客戶並瞭解其需求，而買方找到潛在的賣主並瞭解其產品的銷售條件等。廣義的網絡行銷指的是在商業活動中的所有方面都得到了信息技術的支持，這些活動不僅包括買和賣，還包括設計、製造和管理等。1997年11月6日，法國巴黎的世界網絡行銷會議將網絡行銷定義為網絡行銷（Electronic Commerce），是指對整個貿易活動實現電子化。也有學者認為網絡行銷，即E-Marketing，是通過對信息技術的廣泛應用，達到以下目標：第一，通過更為有效的市場細分、目標定位、差異化、渠道策略等方式，轉換行銷戰略，為顧客創造更大價值；第二，對網絡行銷理念、分銷策略、促銷策略、產品價格、服務及創意等進行更為有效的規劃和實施；第三，創造滿足個人和組織客戶需求的交易。

1.1.3 網絡行銷的特點

網絡行銷作為新興的事物蘊藏著無限的發展潛力，它的興起與發展是大勢所趨。網絡行銷最重要的一個本質是信息的傳遞與交換，在此過程中也呈現出其以下的特性：

1. 超時空

由於互聯網能夠超越時間和空間的限制進行信息的傳播，網絡行銷可以全天24小時在世界各地進行交易。企業進行行銷的時間延長，空間放大，交易量隨之

上升，市場份額的佔有量自然提升。

2. 多媒體

互聯網可以傳輸多種媒體的信息，如文字、聲音、圖像等，信息的傳播能以多種形式在各個媒介間存在和交換，這將為網絡行銷活動的實施開闢出新的天地，改變了傳統行銷活動的模式，更具有創新性。

3. 交互性

互聯網可以展示商品的一切相關信息，與消費者實現供需互動與雙向溝通，還可以進行產品體驗與消費者滿意度調查等各項活動。互聯網已成為產品的設計與研發、商品信息的發布、以及各項行銷活動提供相關服務的最佳工具。

4. 發展性

互聯網使用者數量高速擴展並遍及全球，使用者以年輕人、中產階級、受教育程度較高人群居多。由於這部分消費群體的購買力很強，而且具有很強的市場影響力，因此這是極具開發潛力的廣闊市場。

5. 高效性

計算機可儲存大量的信息供消費者查詢，可傳送的信息數量與精確度，大大超過其他媒體，並能應市場需求及時更新產品或調整價格，及時有效地瞭解並滿足顧客的需求。

6. 經濟性

用互聯網進行信息交換來代替以前的實物交換。一方面可以減少整個行銷過程中實體店面的一些成本，如店面租金、人工成本、運輸成本等；另一方面可以減少多次迂迴交換帶來的損耗。

1.1.4 網絡行銷和傳統行銷

1. 網絡行銷和傳統行銷的關係

網絡行銷和傳統行銷的關係在於傳統行銷和網絡行銷都是經濟發展的產物，傳統行銷是網絡行銷的理論基礎，網絡行銷是傳統行銷的延伸。網絡行銷的出現在一定程度上改變了傳統行銷的力量和存在的實務基礎，但網絡行銷並非獨立存在，而是企業整體行銷策略中的一個組成部分，網絡行銷與傳統行銷相結合形成一個相輔相成、互相促進的行銷體系。只有結合網絡行銷的優勢和傳統行銷的特點，實現兩種行銷模式的整合，才能使企業的整體行銷策略獲得最大的成功。

2. 網絡行銷和傳統行銷的區別

網絡行銷區別於傳統行銷，其體現在：一是市場形態不同，傳統行銷有實物的陳列，而網絡行銷市場是虛擬的，主要通過圖片和文字的方式陳列；二是溝通方式和信息傳遞方式的不同，傳統行銷中消費者是單向的信息接收者，信息是有限的，而網絡行銷中，消費者可以對信息進行自主選擇，並能將信息及時反饋給企業，網絡消費者既在接受信息，也在反饋信息；三是行銷策略的不同，網絡行銷可以實現為不同的消費者提供不同的產品，消費者和企業之間聯繫是快捷直接的，省去了很多中間渠道，這樣就使得在行銷時行銷渠道、產品定價和廣告策略都產生一定的變化；四是客戶關係管理的不同，企業網絡行銷的競爭焦點是客

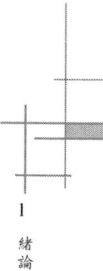

戶，企業網絡行銷成功的關鍵是與客戶保持緊密的聯繫、掌握客戶的特性並取得客戶對企業的信任。

3. 網絡行銷和傳統行銷的整合

網絡行銷與傳統行銷都把滿足消費者的需求作為一切行銷活動的出發點，相對於傳統行銷，網絡行銷的優點包括交互性、高效率性、低成本性和擁有龐大的客戶群體。對消費者而言，網絡行銷最突出的優點就是購物不再受空間和時間限制；而對企業來說，網絡行銷最突出的優點就是降低營運成本的同時增加客戶量，使得利益最大化。當然，網絡行銷相對於傳統行銷也存在著很多局限性。對消費者而言，網絡行銷最突出的缺點就是商品不再是看得見、摸得著的實物，圖片和文字說明畢竟不能完全反應物品的特性；對企業來說，網絡行銷最突出的缺點就是行銷變得被動，主動權轉移到了消費者手中。人類已經步入知識經濟時代，網絡行銷是時代發展的必然走向，企業未來的發展需要網絡行銷，也需要傳統行銷，這樣就需要兩者的有機結合。企業在進行行銷時應根據自身的市場定位和目標需求，整合網絡行銷和傳統行銷策略來實現以消費者為中心的傳播，保持傳統行銷底子厚的優勢，發揮網絡行銷「多、快、省」的先天條件，努力尋求兩者最佳的結合點，從而使企業利益最優化。

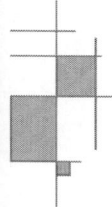

1.2 網絡行銷理論基礎

1.2.1 4P、4C 行銷理論

美國行銷專家杰羅姆·麥卡錫（E. Jerome McCarthy）於 1960 年在其《基礎行銷》（*Basic Marketing*）一書中第一次將企業的行銷要素歸結為四個基本策略組合，即著名的 4P 行銷組合理論：產品策略（Product）、價格策略（Price）、渠道策略（Place）、促銷策略（Promotion）。4P 行銷理論構成了現代行銷理論的基本框架。20 世紀 90 年代以後，社會進入網絡時代，由此衍生出以滿足客戶需求為中心的 4C 行銷理論。

從 4P 到 4C 代表了現代行銷理論的發展和演變過程，4C 即：顧客（Customer）、成本（Cost）、便利（Convenience）、溝通（Communication），其核心就是以消費者利益為思考原點，體現客戶價值。從傳統的 4P「消費者請注意」轉換成了 4C 的「請注意消費者」。

顧客（Customer）：企業必須首先瞭解和研究顧客，根據顧客的需求來提供產品，企業提供的不僅僅是產品和服務，更重要的是由此產生的客戶價值；成本（Cost）：不單是企業的生產成本，它還包括顧客的購買成本，同時也意味著產品定價的理想情況，應該是既低於顧客的心理價格，亦能夠讓企業有所盈利，顧客購買成本包括其貨幣支出，其為此耗費的時間、體力、精力消耗和購買風險；便利（Convenience）：制訂分銷策略時，要更多地考慮顧客的方便，而不是企業自己方便，要通過好的售前、售中和售後服務來讓顧客在購物的同時，也享受到便利；溝通（Communication）：企業應通過同顧客進行積極有效的雙向溝通，建立

基於共同利益的新型企業顧客關係。這不再是企業單向的促銷和勸導顧客，而是在雙方的溝通中找到能同時實現各自目標的通途。

4C 行銷理論的主要觀念是消費者導向型行銷。這種理念的核心是「以消費者為中心」，以滿足消費者需求為企業行銷的目標。隨著互聯網的普及，市場行銷環境有了根本性的改變，人們對市場行銷策略和理念產生了巨大的衝擊，以消費者為導向的 4C 行銷策略在網絡行銷中得到充分的展示。網絡行銷作為實現企業行銷目標的一種全新行銷方式和行銷手段，是企業整體行銷策略的重要組成部分。網絡行銷不僅僅是線上行銷，還包括線下行銷，即傳統行銷。兩者相互結合，形成一個相輔相成、互相促進的行銷體系。

4P 和 4C 行銷理論是行銷理論的基礎，而為了適應網絡經濟時代的發展，我們又延伸出新的網絡行銷理論基礎，主要是直復行銷理論、整合行銷理論、關係行銷理論、軟行銷理論。

1.2.2　直復行銷理論

直復行銷的核心思想是用戶與行銷方的直接交流。它是針對傳統行銷手段單向傳遞信息這一不足而進行完善的一種行銷方式。行銷方首先根據用戶需求、用戶心理、對手情況和市場環境進行綜合研究，提出行銷策略並通過直接的溝通渠道實施行銷活動。而用戶在接收到行銷信息的同時可以進行反饋，爭取自身的需求得到滿足。直復行銷的交流渠道建立之後，雙方可以為最大限度實現自身利益最大化而進行調整。互聯網的普遍使用使得直復行銷成為了最常見的行銷方式，幾乎現有的網絡行銷活動都充分利用信息雙向交流的特點。

直復行銷的關鍵因素是快速準確建立溝通渠道，用戶的需求是隨市場不斷變化而變化的，能不能在用戶有需求的時候開展行銷活動，直接決定了行銷效果。為了獲得更好的時效性，行銷方必須盡可能為用戶提供全時在線的信息交流渠道，這樣當用戶有需求時就可以第一時間得到回應。另一方面，在掌握對象情況的基礎上制定的行銷策略也需要進行及時投放，讓目標對象隨時可以瞭解到產品信息。當用戶接收到信息並進行反饋時，行銷活動完成了一個週期，行銷方繼續開始收集用戶需求。

此外，直復行銷強調覆蓋的廣度。行銷的目的是影響用戶並從用戶處收集信息，因此沒有廣度的行銷效率很低。行銷活動不可能一次到位，每次行銷的效果都需要進行評估並在下次行銷中進行改進。互聯網為更好地開展直復行銷提供了最佳的交流平臺，網絡的特點在於使用成本低、信息傳遞速度快、覆蓋廣。通過互聯網企業實施直復行銷通常可以收到較好的效果，一方面實施成本較低，可以依託平臺服務提供商進行行銷，既享受到了專業的服務，又節省了企業的人力成本。另一方面用戶已經逐漸形成了通過網絡接收信息的習慣，大量的信息如果不通過網絡幾乎不能被用戶所掌握。

1.2.3　整合行銷理論

整合行銷傳播理論由丹‧舒爾茨教授於 1993 年首次提出，隨後的二十幾年時

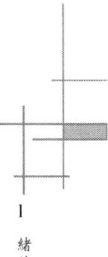

間，整合行銷傳播理論在不斷地更新發展。對於整合行銷傳播的概念，美國廣告公司協會將其定義如下：這是一個行銷傳播計劃概念，要求充分認識用來制訂綜合計劃時所使用的各種帶來附加值的傳播手段，如普通廣告、直接反應廣告、銷售促進和公共關係，並將之結合，提供具有良好清晰度、連貫性的信息，使傳播影響力最大化。整合行銷傳播的定義不僅僅局限於此，在其不斷發展的過程中，各種觀點並不相同。整合行銷傳播本身也在變化以適應環境的變化。整合行銷傳播是一種協調形式，協調了各種不同的傳播手段和媒體，使其達成具有一致性的強化效果。同時，整合行銷不僅是單純的強化和集中，它是對組織整體的資源進行全面的重新配置。顯然整合行銷是對傳統行銷傳播的深化和提升，已經將行銷和行銷傳播合為一體。在整個行銷傳播過程中，組織中的每一個部分都面臨著行銷傳播的任務，從而拓展了整合行銷傳播的範圍，也增加了整合行銷傳播的難度。整合行銷不僅僅是一種理論體系，更是一種指導性的觀念。

1.2.4 關係行銷理論

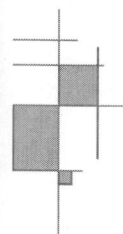

關係行銷是一種需要與顧客建立長期夥伴關係的戰略，企業通過提供價值和使顧客滿意而與顧客建立關係，即企業與客戶形成相輔相成、相生相依的關係，並通過發展企業、員工、產品與客戶的長久性交往關係來提高品牌忠誠度，形成品牌對顧客的綁定，最終提高產品的銷量。傳統行銷的觀念完全從理性角度考慮企業和顧客的交易，認為顧客和企業都在追求利益的最大化，因此目前表現為買方市場情況下，企業會成為積極的一方，顧客則處於被動狀態；但是從關係行銷的觀念考慮，顧客和企業在雙贏互利的基礎上建立信任關係，所以企業在尋找買家的同時，顧客也在為滿足某種需求而行動。

從上面的分析可以發現，關係行銷主要呈現以下特徵：①注重互動交流。在關係行銷中，企業和客戶的關係更加平等，雙方可以通過多種渠道相互交流，企業能夠主動幫助客戶，迅速對顧客問題進行反饋，客戶也可以提出意見促進企業的改革。②構建長期關係。顧客和企業不是進行短暫的一次性物質交易，而是一種長期的情感、信息交流，這種關係更加和諧、穩定。即使客戶在某次交易中沒有達到期望值，企業也能夠通過溝通順利解決。③重視信任的價值。這種長期穩定的關係是「預先取之，必先予之」，企業要獲取客戶的信任，必須投入情感，而顧客獲得需求的滿足也是建立在對企業的信任之上的。④創造和提升新價值。關係行銷的一個重要特徵是創造和提升了客戶讓渡的價值。從客戶角度而言，客戶讓渡價值是指客戶獲得的總價值和客戶花費的總成本之差。

1.2.5 軟行銷理論

軟行銷又被成為柔性行銷，它是相對工業時代傳統的「強勢行銷」而言的。傳統行銷主要是通過廣告和人員推銷這兩種手段實現的，這兩者手段都是比較具有強迫性的，在沒有得到消費者許可之前，就將大量的廣告強制性地灌輸給消費者，這樣可能引起消費者的反感。網絡軟行銷正是在這種背景之下應運而生的。它與傳統的行銷不同，軟行銷比較注重消費者的心理需求，強調在自由平等的基

礎之上進行開放、交互式的交流，更加注重用戶的體驗以及個性化需求。這樣的行銷方式比較符合互聯網用戶對自己隱私保護的要求，所以發展很迅速。

網絡行銷理論中有兩個比較重要的基本概念。第一個是網絡社區，第二個則是網絡禮儀。所謂的社區指的是單位或者個人因為一定的目的，按照一定的組織規則形成一定區域性的社會團體。目前比較主流的網絡社區包括論壇、博客、個人空間、貼吧、群組討論等。網絡社區建立在共同話題的基礎之上，網絡社區的成員可以隱藏自己真實的身分，因此社區成員有一種安全感，甚至在社區有一種歸屬感，大家之間有一種身分意識。由於這些原因，在社區上可以談論社區成員一些平時在現實生活難以直接談論的問題，甚至是一些比較私密性的話題。行銷人員也看到了這些特點，因而利用社區的這些特點以及社區人之間的緊密關係來宣傳產品以實現盈利。但是社區行銷不同於傳統廣告，社區行銷更強調一種氛圍，更強調在遵守社區禮儀的同時，獲得一種好的行銷成果。

1.3 新興網絡行銷模式

1.3.1 SNS 網絡行銷

SNS（Social Network Service），即社會性網絡服務或社會化網絡服務，專指支持和幫助人們建立社會性網絡的互聯網應用服務。也有人認為 SNS 即社交網站或社交網。社會性網絡（Social Networking）是指人與人的關係網絡，基於社會網絡關係的網站就是 SNS 網站（社會性網絡網站）。SNS 也指 Social Network Software，社會性網絡軟件，是一個採用分佈式技術，通俗地說是採用 P2P 技術，構建的下一代基於個人的網絡基礎軟件。社會網絡服務是建立人與人之間的社會網絡或社會關係連接（如利益分享、活動、景象或現實生活中連接的一個平臺）。社會網絡服務包括每個用戶（通常是一個配置文件）的社會聯繫和各種附加服務。多數社會網絡服務是用戶可在互聯網上通過電子郵件和即時消息等手段進行互動的、基於網絡的在線社區服務。從更為廣泛的角度來說，社會性網絡服務是以個人、以網上社區服務組為中心的服務，社交網站允許它的用戶進行網上共享他們的想法、圖片、文字、活動及事件等內容。

SNS 網絡行銷是指企業通過社交網站這個平臺來實現行銷價值的一種方式。AC 尼爾森公司（ACNielsen）調查顯示，全球廣告信任度中 91% 的在線網絡消費者不同程度地信任熟人所推薦的產品。SNS 社交網站具備大規模的用戶資源，用戶之間有親密的關係以及社交平臺的開放性等均成為企業在此平臺進行網絡行銷的有力條件。互聯網更新換代快，用戶資源可能會被新應用迅速占領，目前 SNS 社交網站的發展一直在調整和增加用戶黏性，其用戶規模和忠實用戶的培養已具一定規模，企業在此時開展有效的行銷活動，對於企業發展來說將是事半功倍的。

SNS 社交平臺的常用行銷方式包括了視頻行銷、興趣行銷和口碑行銷，最終達到病毒性行銷。①視頻行銷，越來越多的網願意民花更多的時間在網絡視頻

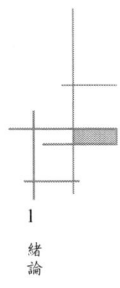

上，而篩選有價值視頻的渠道除了專門的視頻網站推薦外，SNS 上好友的推薦、分享起到更為重要的作用。SNS 社交網站與視頻網站處在不斷的開放與融合中，視頻中的網絡廣告成為企業行銷的有效手段之一。②興趣行銷，不管是基於共同興趣愛好的興趣社交平臺豆瓣網，還是線下好友轉移到線上生活的人人網，他們都擁有群組功能，而群組的成立是以好友間共同的愛好為基礎的，因此，在群組中興趣行銷的方式為企業帶來更多忠實的客戶。③口碑行銷，網民將 SNS 作為發表意見的主要平臺，對於企業廣告或是某產品的快速簡潔評論會形成強大的聲音，同時加上意見領袖的引導，會「滾雪球」般地吸引眾多的好友關注。

社交網站用戶不僅數量大，而且人與人之間有著緊密的聯繫，這使得信息的傳播有著迅速性和爆炸性的特點。SNS 行銷的核心在於通過興趣行銷、視頻行銷、口碑行銷等行銷手段實現 SNS 的病毒性行銷。這是一種信息傳遞戰略，由信息發送者通過媒介傳達所要發送的信息，接受者自發地將信息傳遞給下一個接受者，經過口碑傳播，使信息盡可能多地被人瞭解，其傳播的自發性和快速複製性類似於病毒繁殖，故稱為病毒式行銷。

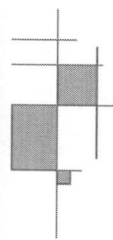

1.3.2　微博行銷

微博服務是作為好友間發送信息的工具而出現的。當前最著名的微博服務 Twitter 是由 Blogger 的創始人威廉姆斯（Evan Williams）在 2006 年推出的，是一個社交網絡及微博客服務。註冊用戶可以經由即時通信工具、電子郵件、微博網站或客戶端軟件，以每次輸入 140 字以內的文字進行更新。微博已經成為現今互聯網中的熱點社會化媒體，其不僅具有博客的信息傳播特性，又同時具有創新的社交化網絡特性。

隨著國內外微博平臺企業的高速發展，微博行銷逐漸成為互聯網行銷中的行銷利器，同時獲得了微博平臺企業及用戶的極大重視。微博行銷可以定義為企業利用微博傳播企業相關產品信息，希望獲造高價值、構建良性口碑而采用的互聯網行銷推廣方式。企業借助在微博上發表的企業介紹及產品、服務的相關信息建立企業良好的品牌形象，進而獲得品牌的塑造並能夠獲得相應利潤。

微博行銷具有互聯網行銷特徵的同時兼具微博產品的屬性，其主要包含下述多個方面的特點：

1. 信息內容的發布方式立體化

微博行銷通過發布文字、圖片、視頻等形式的內容對產品形成全方位、多角度的闡述，通過微博信息的擴散傳遞形成直接的傳播，容易獲取潛在用戶。

2. 微博的瞬時傳播擴散速度

微博內容的傳播擴散可以在極短的時間內獲得幾何級數的高速化增長。用戶在發布微博信息時，能夠快速地利用電腦以及手機等終端設備發送。眾多用戶的評論及轉發可以在極短的時間內傳播至互聯網，更多的微博用戶通過微博信息可獲悉微博行銷所要傳遞的具體內容。

3. 微博的應用便捷性

微博編寫以及信息發布速度較快。一條微博內容所涵蓋的信息包含在 140 字

以內，用戶經過快速的考慮，就能夠在較短的時間中傳遞信息。相比於博客等社交化媒體，其傳遞信息的速率顯得更加便捷。同時，微博的傳播優勢均是傳統的廣告媒介難以逾越的，其發布的信息不用面臨繁雜的審批流程，縮短了審核時間並降低了成本。

4. 信息傳遞擴散範圍廣

微博在發布的同時會受到大量粉絲關注，形成信息共享，粉絲仍可能會對微博內容進行二次傳播，使微博信息表現出幾何級數的倍數傳遞。正是由於粉絲的病毒式傳播，意見領袖的微博才會呈現出核裂變式的信息傳遞。

隨著微博服務的快速發展和廣泛應用，不少主流微博服務商開始推出針對企業的服務，如新浪微博在 2012 年 12 月後，針對企業微博服務推出企業服務商平臺，為企業在微博上進行行銷推廣提供了更好的幫助。據新浪微博統計數據，企業經營微博的首要目的是品牌建設，其次分別是媒體公關、客戶關係管理、銷售和招聘等。目前，眾多企業已通過註冊官方微博紛紛開通了各自的企業微博。當企業獲得微博認證後，企業能夠在網絡上迅速地擴大其知名度，並提升企業形象和品牌，最終提高企業競爭力。當前，眾多企業利用微博開展行銷推廣並取得了極大的成功。

小米是一家成立於 2010 年 4 月的專注智能手機的移動互聯網公司。公司的主要產品有米聊、MIUI 和小米手機。由於主要採用網絡行銷方式銷售手機，因此小米公司特別重視微博平臺的應用，建立了專門的團隊從事微博行銷，並開通了公司的官方微博（@小米公司）和產品微博（@小米手機、@米聊和@MIUI）。小米微博平臺發布的內容包括：產品預訂、產品售賣、有獎活動信息及互動性微博等。根據小米公司相關統計，超過 70%的小米手機是通過互聯網銷售的，而在網上銷售的產品中，有超過 50%的產品銷售是由微博和論壇等社會化渠道導流的客戶完成的。因此，小米手機的傳播有著強大的口碑效應，小米的第一批使用者通常會將手機推薦給家人朋友，使之成為第二批使用者。在目前小米超 700 萬的銷量中，有 42%的用戶會進行 2~5 次的重複購買。從小米公司微博行銷的成功可以看出，企業應積極主動地同客戶互動，以贏得客戶的信任，利用微博自媒體實現精準而低成本的傳播，以達到行銷的目的，並樹立良好的企業形象。

1.3.3 微信行銷

微信行銷是移動互聯網時代，基於微信的功能及其發展，在微信用戶群落間憑藉微信各種功能場景應用以及微信支付功能而衍生出來的一種新媒體行銷方式，也是新型的網絡行銷。微信行銷與傳統行銷相比較，無距離限制和要求，鑒於微信的註冊和使用直接關聯到某個具體而實際存在的個人，無論是通過手機註冊還是 QQ 註冊，因為使用條件的限制，微信的用戶可以實現點對點連結，且用戶真實有效，用戶可以根據需要獲取信息，商家可以通過分析用戶信息和需求後對用戶進行精確定位分類，並根據自己的目標以活動或者其他各種方式適時推廣自己的品牌、文化、產品信息，並且以互動的方式、一對一的形式實現精準化行銷的目的。

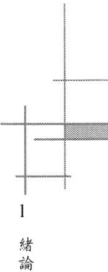

微信行銷有以下特性：
1. 即時行銷傳播特性

即時性行銷是指通過對即時通信工具的使用，在更加細分的市場或產品區域內，對特定的顧客群體進行行銷信息的密集傳播，以期達到高效的行銷效果。首先，微信傳播是一種親近式傳播，與傳統的行銷傳播相比，微信傳播能讓用戶產生親近感，使用戶更願意接受企業的信息。以往企業是主動者，他們尋找消費者。當他們找到了消費者，就會不遺餘力地將自己的產品和服務信息全部送到消費者面前，在這種廣撒網式的行銷傳播模式中，消費者沒有辦法自主選擇自己想要的信息，只是不停地被動接受。這讓消費者越來越忽略這種傳播信息，也讓傳統的傳播變得沒有價值。而微信這種「一對一」的信息傳播方式，讓消費者產生了一種專屬感，他們會感到自己接受到的信息都是獨家定制的，而且消費者更有自主權去選擇自己想要的，這樣消息的利用率會有很大的提高。消費者也更願意去接受企業帶來的產品，而不產生排斥感。

2. 傳播者個體化

在微信中用戶不再僅僅是消息的被動接受者，而是信息的推廣者和轉發者。作為社交媒體，每個用戶都有自己的微信社交關係網。一個用戶的轉發可以讓更多的用戶看到企業信息，且呈幾何級數發展，每個用戶都變成了傳播的自媒體。

3. 定位精準化

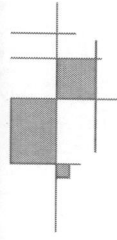

精準行銷（Precision Marketing）就是在精準定位的基礎上，依託現代信息技術手段建立個性化的顧客溝通服務體系，實現企業可度量的低成本擴張之路。傳統媒體行銷廣撒兩式的行銷模式由於其高成本和低效率，已經難以適應現今的環境。互聯網時代的到來，讓新媒體行銷快速地發展，微信平臺的消息傳播精準化和市場地位精準化是其成為企業實現精準行銷的新武器。

微信行銷主要有以下渠道：
1. 二維碼

二維碼是微信功能中重要的一部分，用戶首先將二維碼圖案置於取景框內，然後通過掃描識別另一位用戶的二維碼身分使其成為好友。很多企業在二維碼出現之初，就積極應用二維碼搞促銷。用戶在通過二維碼首次加企業為好友時，就可以得到相應的折扣。之後，企業也會通過微信向用戶發送折扣消息，實現了線上行銷帶動線下行銷。同時，一些擁有線上旗艦店的商家也會通過微信發布折扣消息，實現線上和線上之間的互動。

2. LBS—地理位置推送

2011年8月，微信添加了「查看附近的人」的陌生人交友功能，通過這個功能，用戶可以查看到地理位置相近的陌生人，並添加成為好友。企業也通過這個功能向周圍的微信用戶發送更多的行銷信息。在微信中，用戶的個性簽名都能夠被查看到。企業可以充分利用這一優勢，將個性簽名當做廣告信息的傳播模塊，在其中可以填寫企業名稱、優惠信息、企業宣傳信息等等。同時，商家也可以通過其他的微信用戶宣傳企業的行銷信息。某些服務行業的商家，在開店之初，可以通過查看附近的人，向周圍的微信用戶發送有關的開業消息和優惠活動

信息。

3. 開放平臺+朋友圈

微信開放平臺是微信 4．0 版本推出的新功能，應用開發者可通過微信開放接口接入第三方應用，還可以將應用的 LOGO 放入微信附件欄中，讓微信用戶方便選中喜歡的內容，通過朋友圈與自己的好友分享，由於微信中好友大多是「強關係」，朋友的推薦更值得信任。口碑行銷使朋友圈的行銷內容傳播得更快。在開放平臺中，人們不僅僅能夠傳播企業產品的消息，還可以分享歌曲、文章等。

4. 微信公共平臺

微信公共平臺和微信開發平臺並不相同，微信公共平臺是企業自身在微信中自行開發的，企業通過公共平臺不僅可以像微博一樣推送消息，也可以與用戶互動，回答微信用戶的問題。用戶訂閱企業微信公眾平臺，企業可以精準地投放信息，同時由於數據可搜集，微信公共平臺數據可以為企業未來的行銷營運提供數據支持。微信公共平臺的推出，讓微信行銷更加細化。微信公共平臺的建立，使得信息實現了相互傳遞，企業與用戶之間的信息傳播更加方便快捷。

星巴克從美國的一家普通的咖啡連鎖店，發展成全球最大的咖啡連鎖店，始終秉持著「售賣的不僅是咖啡，更是一種顧客體驗和生活方式」的宗旨，注重提升顧客體驗。星巴克微信行銷，極大地拉近了星巴克與消費者之間的距離。2012 年夏天，星巴克在中國市場推出「冰搖沁爽」系列飲品。夏季通常是星巴克的淡季，為了配合新品上市，星巴克在推出微信官方平臺的同時，推出了被稱之為「自然醒」的音樂系列。星巴克錄制了多種不同的音樂，每種音樂都對應微信上的一種表情。使用者發送任意表情符號，星巴克會即時回覆相應的音樂。此次微信行銷，是星巴克第一次涉及微信平臺。截至 2012 年 10 月 29 日，星巴克在該平臺上共擁有 27 萬個好友。據媒體報導，整個活動期間（8 月 28 日至 9 月 30 日），星巴克微信好友人數達到 12.8 萬人。微信好友與星巴克分享的情緒超過 23.8 萬次。三周內，「冰搖沁爽」的銷售額就達到 750 萬元。星巴克的「自然醒」活動，實現了線上與線下的完美結合，品牌與用戶之間有了更多的互動，可以說此次新行銷活動是非常成功的。

1.3.4　搜索引擎行銷

據統計，有 98% 的網民使用過搜索引擎，而在使用搜索引擎的網民中有 44.5% 是進行網絡購物時使用，因此這是最常見的行銷推廣方式之一。搜索引擎是一個為網絡用戶提供檢索服務的系統，它的主要任務是在 Internet 中主動搜索其他 web 站點中的信息並對其進行自動索引，其索引內容存儲在可供查詢的大型數據庫中。當用戶利用關鍵字查詢時，該網站會告訴用戶包含該關鍵字信息的所有網址，並提供通向該網站的連結。搜索引擎行銷（Search Engine Marketing）是基於搜索引擎的行銷方式，屬於網絡行銷方式中的一種，它根據用戶使用搜索引擎的方式，通過一整套的技術和策略系統，利用用戶檢索信息的機會將行銷信息傳遞給目標用戶。

搜索引擎行銷不同與其他的網絡行銷模式，它的目標客戶從普通的消費者轉

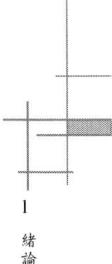

移到了企業,因為對於普通網民來說,他們已經習慣於免費使用搜索引擎,因此不可能像傳統信息檢索系統那樣對每一次的搜索收費;而一般的企業如果想在複雜的網絡環境中被自己的目標客戶檢索到,就只能依靠搜索引擎,因此針對企業,搜索引擎的行銷模式主要有以下幾種:

1. 出售搜索技術

出售搜索技術是傳統的一種行銷模式,也是大多數搜索引擎公司所一直採用的方式。這種模式向門戶網站提供搜索技術,對於這些門戶傳過來的每次搜索要求,搜索引擎公司都會收取少量費用。

2. 搜索引擎優化

搜索引擎優化主要是通過瞭解各類搜索引擎如何實現網頁的抓取、索引以及如何針對某一特定關鍵詞確定搜索結果的排名規則,來對網頁內容進行優化,使其符合用戶的瀏覽習慣,並以快速、完整的方式將這些搜索結果呈現給用戶,同時在不損害用戶體驗的情況下提高搜索引擎排名進而獲得可能多的潛在用戶。搜索引擎優化的著眼點並非只考慮搜索引擎的排名規則,更重要的是為用戶獲取信息和服務提供方便。同時,在建立搜索引擎的過程中還應與傳統的行銷理論相結合,分析目標客戶群,研究不同消費階層的心理,分析他們對關鍵詞的界定,這樣可以使企業在關鍵詞的選擇上更有效率。

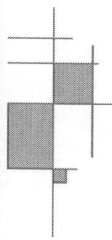

3. 關鍵詞廣告

關鍵詞廣告是在搜索結果頁面顯示廣告內容,實現高級定位投放,用戶可以根據需要更換關鍵詞,相當於在不同頁面輪換投放廣告。目前關鍵詞廣告銷售模式主要有固定排名和競價排名兩種形式。固定排名是指企業與搜索引擎供應商以一定價格將企業網站放置在固定位置的一種方式。這些具體的位置由各個企業通過競價購買來決定,並且在合同期內會一直保持不變,付費越高者在檢索結果中排名越靠前。固定排名合同是根據事先定義好的幾個關鍵詞來簽訂的,但這種操作方式的收費高,吸引的是一些大客戶,但它的效果明顯,付費的客戶在搜索的結果中排在前十位,極大增加了行銷的概率。競價排名是搜索引擎關鍵詞廣告的一種形式,按照付費最高者排名靠前的原則,對購買了同一關鍵詞的網站進行排名的一種方式。傳統競價排名是指同類企業按出價高低決定排名順序。但是隨著引擎技術的發展,出現了混合競價排名的方法,即除了價格以外還要看網站點擊率的高低,以點擊次數為收費依據,也就是按效果付費。這樣有效避免了企業打高價格戰的惡性循環。

搜索引擎行銷有如下優點:

1. 成本低廉且宣傳廣泛

搜索引擎行銷的功能就是讓目標客戶主動來找企業,服務商則按照客戶的訪問量收費,這比其他廣告形式性價比高。許多企業正是基於搜索引擎行銷成本低廉、效果顯著、操作靈活和易於管理考評的特點,將其作為企業網絡推廣的主要手段。對於中小企業來說,其很難與大企業在傳統推廣方式上爭展區、爭位置,而搜索引擎行銷卻能使企業利用網站向客戶全面展示公司的產品、特點,給予中小企業公平競爭的機會。

2. 便於企業開展網上市場調研

搜索引擎是非常有價值的市場調研工具，通過搜索引擎輸入有效關鍵詞，查看搜索結果，便可以方便地瞭解競爭者的市場動向、產品信息、用戶反饋、市場網絡、經營狀況等公開信息，從而增強自身的競爭力。同時，利用搜索引擎還可以瞭解市場行銷的大環境，包括政府有關方針政策、有關法令的情況；經濟環境，即消費者收入、消費水準、物價水準社會資源等。再者，搜索引擎是企業直接接觸潛在購買者的最好方式之一，企業可以全方位地瞭解消費者的需求。

3. 有利於企業產品的推廣

搜索引擎不僅僅可以給公司的網站帶來流量，最重要的是，搜索引擎所帶來的流量都是客戶通過關鍵詞的搜索得到的，都是針對性非常強的流量，這些搜索者一般來說就是企業廣告宣傳的重點對象。搜索引擎盡力把最貼近需求的信息傳達給搜索者，同時在恰當的時候、恰當的位置，搜索者還能發現更多的選擇。銷售和購買之間的橋樑關係過渡得非常自然，消費者和採購商有更多的主動權，只看相關的信息內容，而供應商和零售商也能只把銷售的信息告訴有相關需求的人，達到精準行銷的目的。

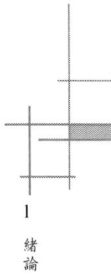

2　SEO 理論概述

2.1　SEO 概述

2.1.1　SEO 的定義

1. 定義

SEO 是 Search Engine Optimization 的縮寫，其中文意思為搜索引擎優化。SEO 是指在瞭解搜索引擎自然排名機制的基礎上，通過對網站內部調整優化及站外優化，使網站滿足搜索引擎收錄排名需求，在搜索引擎中提高關鍵詞排名，從而把精準用戶帶到網站，獲得免費流量，產生直接銷售或品牌推廣。[①]

2. 優化內容

（1）內部優化

內部優化主要包括對標籤的優化，如標題、關鍵詞及創意的優化，其次是內部連結的優化，如錨文本連結、導航連結、圖片連結及其他相關性連結。

（2）外部優化

外部優化主要包含貼吧、微信、空間、博客、論壇、社區等，通過媒體添加一定數量的外部連結，提高關鍵詞的排名。

（3）連結優化

連結優化主要是包含對網站結構的優化、連結結構、網頁抓取、關鍵詞選擇。

在接下來的相關章節我們會對這些內容做詳細的介紹。

2.1.2　SEO 的作用與網站

互聯網用戶在上網的過程中都會使用 Google、百度等搜索引擎進行相關內容的搜索，如我們利用百度搜索「面膜」，如圖 2-1 所示，即可立即顯示相關內容。

---

① http://baike.baidu.com/link?url=lzP1MT-CMBLTHWvDu-IpOMl9BN3mOsVIzVaHJW9jdhB3sBENL。

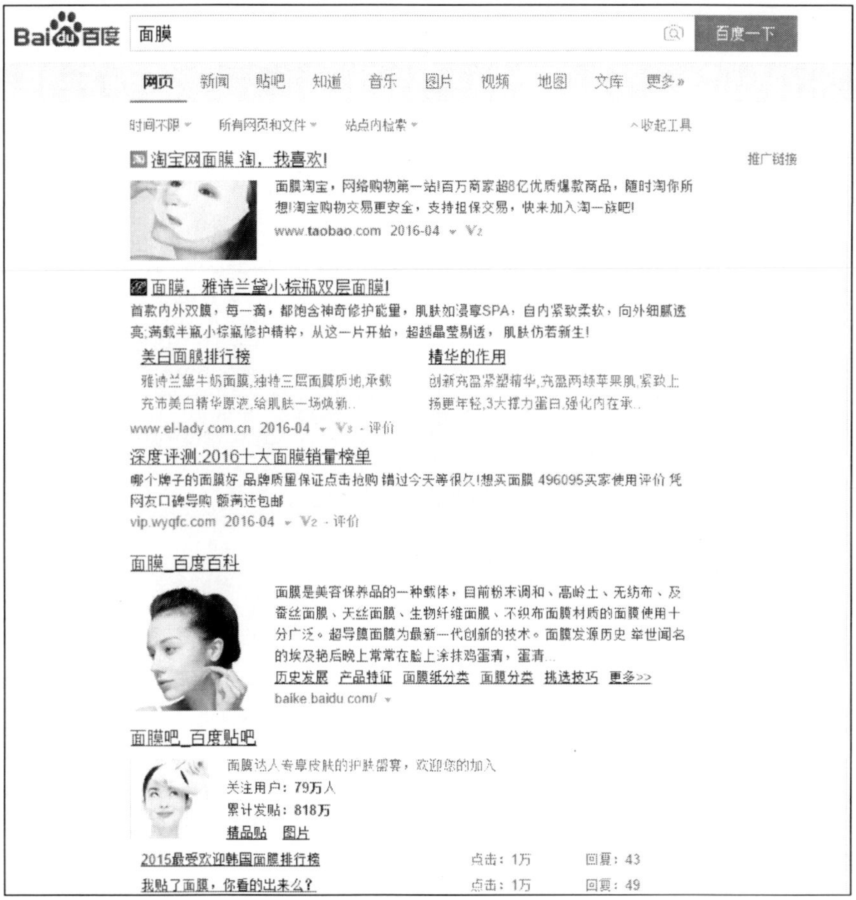

圖2-1 「面膜」的百度搜索結果

在搜索結果中我們看到「淘寶網」的信息排在第一位，有的信息排在第三位。在搜索結果中，越靠前的網站越容易被用戶看到，點擊量就越高，而 SEO 的作用就是通過優化提高網站的搜索排名，使網站更能容易被用戶所點擊瀏覽。

對於中文網站，百度搜索引擎是當前國內用的最廣的搜索方式。而谷歌主要是英文網站中 SEO 的作用對象。不論是百度還是雅虎、Google 等搜索引擎，其搜索機制雖然不同，但是基本原理大致上是相同的。例如在 Google 搜索引擎中排名靠前的關鍵詞或者網站，在百度中的排名可能靠後，這些差別是很正常的。如果把網站的 SEO 做得非常好，其在不同搜索機制的搜索引擎中的排名是較為相同的。對於國內市場，百度搜索引擎是大部分互聯網用戶的首要選擇，所以針對於百度搜索引擎，只有做好網站 SEO，才能提高網站排名，增加訪問量。

2.1.3 搜索推廣的競價與推廣

不同搜索引擎的機制和原理大體相似，本文主要以百度搜索引擎為主，進行

相關內容的介紹，在介紹之前，我們首先需要瞭解一下競價、推廣及自然排名。

推廣是指通過購買，在搜索引擎上獲得相關廣告位。如我們利用百度搜索引擎搜索「面膜」，圖 2-2 即為相關搜索結果的展示，在搜索結果中，排名靠前的網站的背景顏色與其他的網站不同，其總體的右上方顯示的是「推廣連結」。

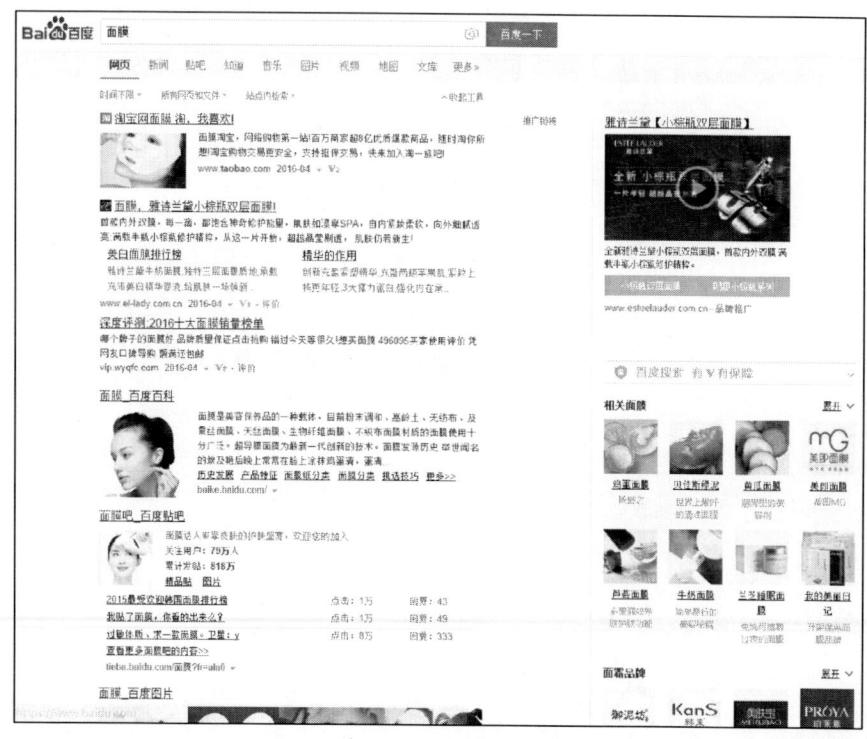

圖 2-2 「面膜」的百度搜索結果

在搜索結果中，顯示「推廣連結」的那部分表示網站在百度搜索引擎中購買了廣告位，網站通過向百度繳納一定的費用，不需要使用任何 SEO，通過廣告費用的多少決定其在搜索網站中的排名，即網站給的廣告費越多，其排名越靠前。此外，在搜索右側顯示的「品牌推廣」也是廣告位，而競價是「推廣」在谷歌中的另一種顯示方法，兩者意義相同。

在此處我們所講的 SEO 針對的排名，主要是指在搜索引擎中的自然排名，由於推廣連結存在，網站通過做 SEO 只可能取得除「推廣」網站之外的第一的位置，不可能將排名做到推廣或者競價網站的前面，做推廣或競價的網站排名總是在做 SEO 的網站前面。在介紹 SEO 優點之前，我們需要瞭解以下相關概念。

2.1.4　SEO 的特點

在介紹做 SEO 的特點之前，我們先介紹一下做「推廣」的利弊。我們通過兩者的比較，使讀者對做 SEO 的優勢有一定的瞭解。

1. 推廣的優勢與劣勢

由於推廣是百度搜索引擎的一個廣告位，我們首先瞭解一下百度搜索推廣的競價和扣費方式。對於所搜推廣的關鍵詞，用戶每點擊一下搜索推廣中的推廣網站（百度搜索推廣對於惡意訪問具備防範措施），就會扣除一定的廣告費，廣告費的多少絕大部分取決於商家的競價，對於一些熱門的關鍵詞，其一次的點擊費用可能高達上百元。所以如果網站的轉化做得不好，會導致大量的點擊量，但是商品的購買量卻很少。這樣一來，公司雖然支付了大量的廣告費用，但是並未產生盈利，同時由於競價的原因，其廣告費可能會非常高，對企業是一種較大的負擔。

由於做網站 SEO 需要一個學習過程，這其中存在很多技巧，而且將網站排名做好也需要一定時間，根據關鍵詞熱度和難度，可能需要幾個月甚至更長的時間。但是做網站推廣的話，只需要購買廣告位，就可以使得網站的排名靠前，速度比較快。

2. SEO 的優勢與劣勢

通過上面的介紹我們可以知道，相對於推廣，SEO 的速度較為緩慢，如果要把一個網站做好，需要花費時間、精力去不停地修改，實現過程相對漫長，不可能短時間內完成。這是 SEO 的劣勢。但是，由於推廣的競爭較為激烈，一些網站的推廣費用一年可能高達幾十萬元，對於草根站長，通過百度推廣的方式費用較高，風險較大，但是 SEO 的方式就不會存在這些問題，所以 SEO 相較於百度推廣又具有不可比擬的優勢。

2.2 SEO 的基本概念與術語

2.2.1 網站、網站的域名和空間

1. 什麼是網站

本書對於建立網站這一類的知識不會大量涉及，學習 SEO 的同學只需要瞭解其基本概念即可。SEO 是一門實踐性很強的課程，需要學習者在學習過程中不斷練習，不斷實踐從而累積經驗。所以不會建立網站的同學，希望在學習本門課程的同時，學習一下網站的建立。

2. 網站的域名

在搜索引擎中搜索百度，如圖 2-3 所示，在最上方地址欄顯示的「https：//www.baidu.com/」中，「baidu.com」即為這個網站的域名。

圖 2-3　百度域名

3. 網站空間

簡單講，網站空間就是指存放網站內容的空間。網站空間也稱為虛擬主機空間，通常企業做網站都不會自己架伺服器，而是選擇以虛擬主機空間作為放置網站內容的網站空間。網站空間只能存放網站文件和資料，包括文字、文檔、數據庫、網站的頁面、圖片等文件的容量。

2.2.2　超連結、內連結和外連結

1. 超連結

超連結的作用是使用戶從別的網站進入自己的網站。由於網站的地址很多，用戶在訪問的時候通過手動輸入網站會浪費大量的時間，只能瀏覽到少量的網站，例如我們在百度中搜索到的「超連結」的百度百科的介紹，如圖 2-4 所示，其中的「網頁」就是一個超連結。

點擊「網頁」，如圖 2-5 所示，我們就會進入「網頁」的百度百科介紹，這就是一種超連結。

2. 內連結

內連結是超連結的一種，在一個網站中，除了主頁顯示的內容外，還有很多的內層網頁，網站中超連結指向該網站的其他頁面，那麼我們就稱此連結為內連結。如在「天貓」的首頁中，如圖 2-6 所示，我們點擊「天貓超市」，進入如圖 2-7 所示的頁面，這個天貓超市頁面即為「天貓」網的內頁，這個連結即為內連結。

圖 2-4 「超連結」的百度百科解釋

圖 2-5 「網頁」的百度百科解釋

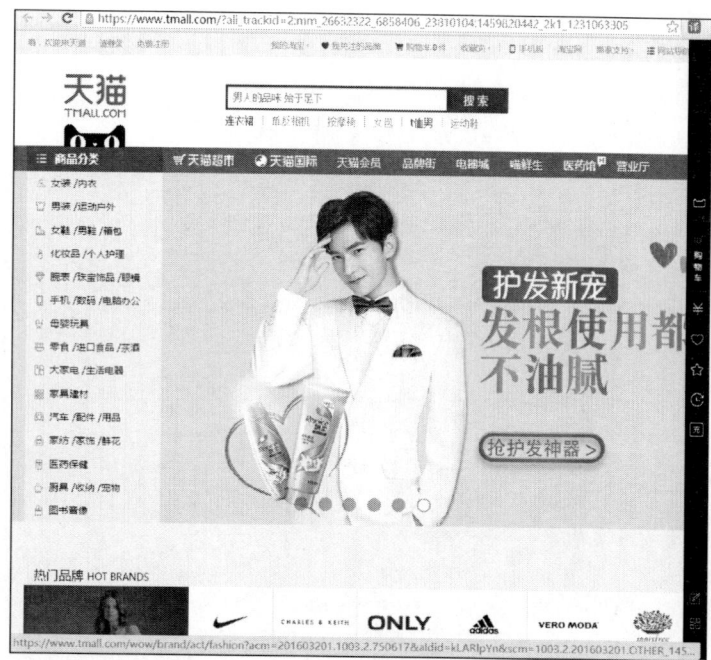

圖 2-6　天貓網站首頁

圖 2-7　天貓超市網頁

3. 外連結

外連結的作用同內連結相反，內連結是本網站的一個頁面指向本網站的其他頁面，而外連結是從自己的網站指向其他網站。如在「www.hao123.com」中，如圖 2-8 所示，點擊「鳳凰網」，如圖 2-9 所示，我們就進入了「鳳凰網」的界面，這就是一個外連結。

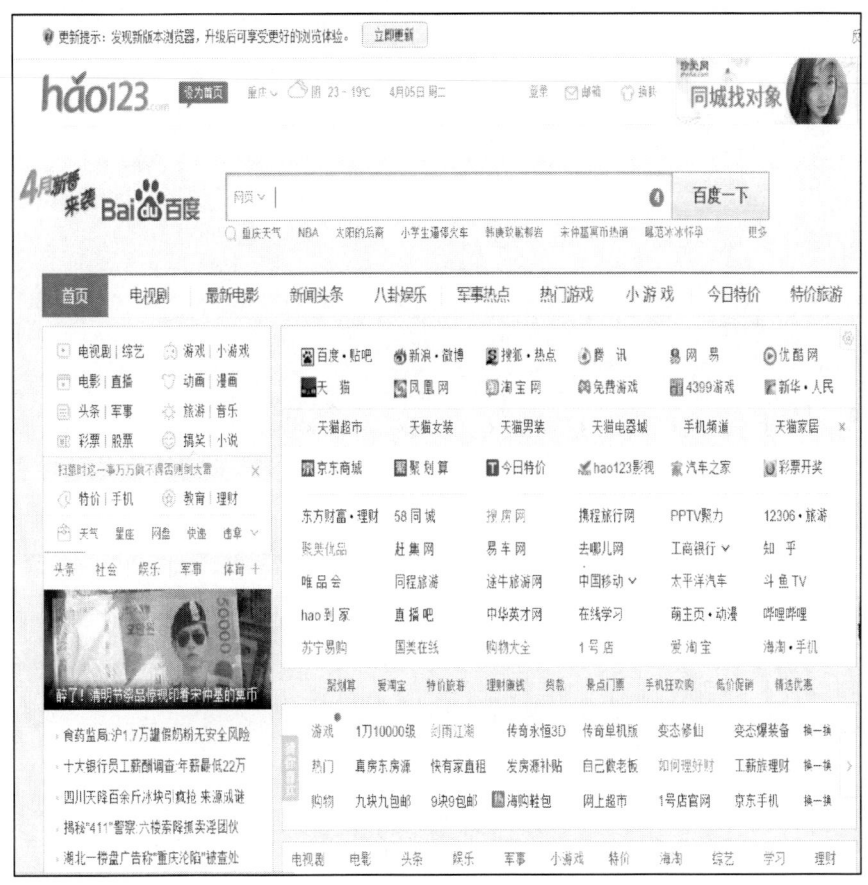

圖 2-8　www.hao123.com 網頁

圖 2-9　鳳凰網界面

2.2.3　錨文本、導入與導出連結

1. 錨文本

錨文本又稱錨文本連結，是連結的一種形式，它和超連結類似。超連結的代碼是錨文本，把關鍵詞做一個連結，指向別的網頁，這種形式的連結就叫做錨文本。

通過錨文本，我們可以知道指向的頁面所講的內容，它是指向內容的主題。錨連結使得搜索引擎更加明確地指向頁面主題，利於網站排名，這一點對於我們後續對 SEO 的學習至關重要。同時，同內外連結相似，錨文本也分為內錨和外錨，大部分的網站 SEO 提升排名主要是圍繞內鏈外錨開展的。

2. 導入與導出連結

對於我們自己的網站，如果存在一個連結是指向了其他人的網站，這個連結即為導出連結。在自己網站的首頁或內頁，若只能通過該連結訪問其他網站的首頁和內頁，這個連結就成為導出連結。與之相反，其他網站的一個連結指向我們的網站，那麼對於我們來說這個網站就是導入連結。

2.3 關鍵詞及創意

2.3.1 關鍵詞的定義及其分類

1. 關鍵詞

在上一章節，我們介紹了與 SEO 相關的專業術語和基本概念，這一章節我們主要簡單介紹做 SEO 一個很重要的部分——關鍵詞。做網站 SEO 的本質就是做關鍵詞的排名。例如我們在百度中搜索「關鍵詞」，網頁上會呈現出很多的搜索結果，如圖 2-10 所示，「關鍵詞」這三個字在每一條搜索結果中都會標紅，我們搜索的詞就是關鍵詞。

圖 2-10　關鍵詞搜索

但是，我們並不能簡單地認為關鍵詞就是短語，關鍵詞也可以是稍長的語

句。一個網站的關鍵詞對於網站來說至關重要，如果關鍵詞設置不到位，將 SEO 做得再好，對於網站來說也沒有任何意義。

2. 關鍵詞分類

關鍵詞分類方法有很多種：從頁面劃分，關鍵詞可以分為首頁關鍵詞、欄目關鍵詞和內容關鍵詞；從概念劃分，其可分為目標關鍵詞、長尾關鍵詞和相關關鍵詞；從目的劃分，其可分為直接性關鍵詞和行銷性關鍵詞。對於同一個關鍵詞，從不同的角度看，其可能屬於不同的關鍵詞，一個關鍵詞可以有多個不同的分類。

2.3.2 各種關鍵詞的特點及作用介紹

1. 目標關鍵詞

目標關鍵詞是網站的「主打」關鍵詞，是由網站產品、服務等組合成單詞而形成的。一般情況下，我們都會認為：通過搜索引擎搜索到與網站匹配的相關產品、服務的詞被稱之為目標關鍵詞。目標關鍵詞是網站通過搜索引擎獲取流量最重要的一部分，也是流量所占比例非常高的一部分。它都被放在網站首頁，並且出現在網站標題中，網站描述中同樣存在目標關鍵詞。網站標題中一般出現一遍目標關鍵詞，而網站描述則會出現兩次。

例如我們在百度中搜索「墨鏡」，如圖 2-11 所示，該網站的標題中包含了關鍵詞「墨鏡」，下面「www.taobao.com」表明的是網站的首頁，「墨鏡」這個關鍵詞就是用來優化的，即為目標關鍵詞。

圖 2-11　目標關鍵詞的搜索

一般情況下，目標關鍵詞具有以下特徵：

（1）目標關鍵詞一般作為網站首頁的標題。

（2）目標關鍵詞一般是 2~4 個字構成的一個詞或詞組，名詞居多。

（3）目標關鍵詞在搜索引擎每日都有一定數目的穩定搜索量。

（4）搜索目標關鍵詞的用戶往往對網站的產品和服務有需求，或者對網站的內容感興趣。

（5）網站的主要內容圍繞目標關鍵詞展開。

2. 長尾關鍵詞

長尾關鍵詞是指網站上非目標關鍵詞但也可以帶來搜索流量的關鍵詞。① 對於一個關鍵詞是目標關鍵詞還是長尾關鍵詞，我們通常可以這樣辨別：看關鍵詞的位置，如果該關鍵詞放在網站首頁，那麼其即為目標關鍵詞；如果其放在文章內容頁，即為長尾關鍵詞。例如我們在百度中搜索「墨鏡」，如圖 2-11 所示，關鍵詞出現在標題中的即為目標關鍵詞；如圖 2-12 所示，網站下面的網站是內頁，說明該關鍵詞出現在該網站的一個頁面中，我們稱該關鍵詞為長尾關鍵詞。由此我們看到目標關鍵詞和長尾關鍵詞是相對的。

圖 2-12　長尾關鍵詞的搜索

長尾關鍵詞具有的特徵：
（1）比較長，往往由 2~3 個詞組成，甚至是短語。
（2）存在於內容頁面，目錄頁面，還存在於文章頁面中。
（3）搜索量非常少，競爭力小，轉化率也不差。
（4）轉化為網站產品客戶的概率比目標關鍵詞低，但可以作為輔助詞。
（5）存在大量長尾關鍵詞網站，其帶來總流量非常大，有可延伸性，針對性強，範圍廣的優勢。

對於大中型的網站來說，由於其頁面較多，內容較廣，所以通過長尾關鍵詞帶來的網站流量實際上是遠遠高於目標關鍵詞的。同時，做長尾關鍵詞需要累積，當累積達到一定程度的時候就會帶來巨大的成效。

3. 相關關鍵詞

上面的介紹讓我們對於目標關鍵詞和長尾關鍵詞有了一定瞭解，而相關關鍵詞就是指跟目標關鍵詞存在著一定相關關係，能夠延伸或者細化它的定義，或者是當用戶搜索某個關鍵詞時搜索引擎對其進行相關推薦的關鍵詞。例如，如果有人搜索「周天好無聊怎麼辦」，進入某個網站的內頁，雖然這個用戶對於週末旅遊可能有興趣，但是只是該網站的潛在用戶。這個搜索詞就是長尾關鍵詞，但不一定是相關關鍵詞。此外，如果有用戶搜索運動類的詞，對旅遊可能沒興趣，不一定需要周邊遊之類的活動，但是其可能對於週末旅遊比較感興趣，因為喜歡運

---

① http://baike.baidu.com/link?url=0n6CGuKsHrCBQ4fThpvcQfgpM5147N8WGbYHrbt6z8mRFyvEf7OtDJobQBFBPbXbzWpGhZRdeAYpi11ooZcXrq。

動的人可能也喜歡出去旅遊，所以運動類一類的詞語目標關鍵詞與長尾關鍵詞相關，被稱為相關關鍵詞，這也是相關關鍵詞同長尾關鍵詞的主要區別。

在網站的一些產品信息中或內容中，適當地出現一些相關關鍵詞或長尾關鍵詞，能夠使搜索引擎更加精確地定位，得到很好的網站排名。如果目標關鍵詞是「健身器材」，寫一篇文章是關於健身的，裡面提到一些健身器材之類的詞，這樣使得搜索引擎更容易判斷出文章內容，確定其不是虛假信息。所以相關關鍵詞就是作用於長尾關鍵詞或者目標關鍵詞的讓網站排名更加容易靠前。

4. 欄目和首頁關鍵詞

首頁關鍵詞是放在網站首頁的關鍵詞，而目標關鍵詞就是放在首頁來做的，所以我們可以認為首頁關鍵詞和目標關鍵詞是等同的。而欄目關鍵詞是放在網站內頁的關鍵詞，和長尾關鍵詞是等同的。

2.3.3 關鍵詞的尋找

這裡我們對關鍵詞添加出價等方面的設置只是做一個簡單的介紹，使讀者對百度SEO關鍵詞放的內容有一個整體把握。具體的實際操作我們在後面會有專門的章節詳細介紹。

關鍵詞是用戶提交的來吸引客戶的詞，只要互聯網用戶在網絡上搜索了跟用戶提交的關鍵詞相關的詞，其推廣信息就會被用戶看到。例如，我們提交了「暴龍眼鏡」這一詞作為關鍵詞，當用戶搜索「暴龍眼鏡」等相關詞的時候，就會看到推廣信息。下面，我們將介紹幾種常用的選擇關鍵詞的技巧：

1. 諮詢詞

諮詢詞是指用來諮詢業務或者產品相關信息的詞彙、短句，貼近網民常用口語。在選擇諮詢詞的時候，要考慮一下潛在客戶的需求，客戶會因此選擇搜索哪些關鍵詞以及客戶的直接需求、潛在需求和相關需求。

例如：暴龍眼鏡官方網站

直接需求詞：男士太陽眼鏡，光學鏡架、光學鏡

潛在需求諮詢詞：眼鏡框型，什麼樣的鏡框比較好看

2. 產品詞

產品詞是指企業提供的產品名稱或者別稱。選擇產品詞的時候要考慮推廣的產品是什麼，包括產品的名稱和型號。

例如：暴龍眼鏡官方網站

產品詞：BL6007、BL7002、BL6010、BL2560

3. 行業詞

行業詞是指可以表現出產品或者行業特殊性的詞彙，在選擇行業詞的時候要考慮行業內通用的詞及其他企業的產品或者企業名稱。

例如：暴龍眼鏡聯合迪奧的品牌來做競價

行業詞：太陽眼鏡、光學眼鏡、迪奧太陽眼鏡

4. 品牌詞

品牌詞是指獨一無二的體現品牌名稱的詞。選擇品牌詞的時候要考慮推廣的

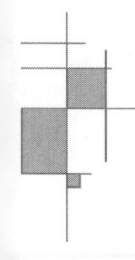

品牌，包括品牌名稱及公司名稱。

例如：暴龍眼鏡官方網站

品牌詞：暴龍

2.3.4 關鍵詞匹配方式選擇與出價

互聯網用戶在進行搜索的時候，搜索引擎會自動挑選相應的關鍵詞，將推廣結果進行展現。網站可以通過設置不同的匹配模式，來決定網民搜索詞與關鍵詞之間的關係。

百度具備三種不同的匹配模式，接下來我們簡單介紹一下各種匹配模式可能對應的搜索結果。

1. 精確匹配

精確匹配，意思就是當目標人群搜索詞語與關鍵詞完全一致時，系統才能展現推廣結果。相較廣泛匹配和短語匹配而言，精準匹配的關鍵詞展現機率較低，相對的消費同樣較低。如果在資金缺乏或者關鍵詞競爭度不大的情況之下，我們可以考慮這種匹配方式。

2. 短語匹配

（1）精確包含

匹配條件是網民的搜索詞完全包含關鍵詞時，系統才有可能自動展示推廣結果。例如：短語精確包含時，推廣關鍵詞「英語培訓」與搜索詞「英語培訓」「英語培訓暑期班」「哪個英語培訓機構好」等類型匹配；與搜索詞「英語的培訓」「英語相關培訓」「培訓英語」和「電腦培訓」等類型不匹配。

（2）同義包含

匹配條件是當網民的搜索詞完全包含關鍵詞或關鍵詞的變形形態（插入、顛倒和同義）時，系統才有可能自動展示您的推廣結果。例如：短語同義包含時，推廣關鍵詞「英語培訓」與搜索詞「英語培訓」「英語培訓暑期班」「英語相關培訓」「培訓英語」「英語輔導」等類型匹配；與搜索詞「電腦培訓」「英語ABC」和「德語培訓」等類型不匹配。

（3）核心包含

匹配條件是當網民搜索詞包含關鍵詞、關鍵詞的變形（插入、顛倒和同義）或關鍵詞的核心部分、關鍵詞核心部分的變形（插入、顛倒和變形）時，系統才有可能自動展示您的推廣結果。例如：短語核心包含時，推廣關鍵詞「福特福克斯改造」與搜索詞「福特福克斯改造」「北京福特福克斯改造」「福特白色福克斯改造」「改造福特福克斯」「福特福克斯改裝」；「白色經典福克斯改造」「福克斯改造」等類型匹配的。後兩種類型就是運用關鍵詞的核心部分（福克斯改造）和核心部分的變形進行匹配。與搜索詞「奧迪A6改造」「福特福克斯洗車」等類型不匹配。

3. 廣泛匹配

使用廣泛匹配時，當網民搜索詞與關鍵詞高度相關時，即使並未提交這些詞，推廣結果也可能獲得展現機會。以關鍵詞「英語培訓」為例，在廣泛匹配方式下有：

（1）可能觸發推廣結果的搜索詞

①同義近義詞：英語培訓、英文培訓。

②相關詞：外語培訓、英語暑期培訓。

③變體形式（如加空格、語序顛倒、錯別字等）：英語培訓、暑期培訓英語。

④完全包含關鍵詞的短語（語序不能顛倒）：英語培訓暑期班、哪個英語培訓機構好。

（2）不能觸發推廣結果的關鍵詞

不能觸發推廣結果的關鍵詞：英語歌曲、電腦培訓。

廣泛匹配可以幫您定位更多潛在客戶，提升品牌知名度，節省您的時間。基於這些優勢，廣泛匹配是應用最多的匹配方式，也是系統自動為您選擇的匹配方式。

上面我們介紹了關鍵詞的上匹配模式，那麼如何選擇關鍵詞的匹配模式呢？在實際操作中，我們建議按照「由大到小」的策略選擇匹配模式，對於新提交的關鍵詞要盡量設為廣泛匹配，並保持三周左右的時間，以此觀察效果。

在觀察的時候要注意可以通過搜索詞報告來查看關鍵詞匹配到了哪些搜索詞。如果發現不相關的關鍵詞，並且發現不能帶來轉化，我們可以通過添加否定關鍵詞進行優化。同時，如果搜索詞報告的結果還不理想，可以考慮使用更加具體的關鍵詞或嘗試使用短語匹配或者精確匹配。

對於實際運用關鍵模式設置和出價設置的具體操作步驟，我們會在後邊的章節以百度網絡行銷實驗室為例進行詳細介紹。

2.3.5 關鍵詞質量度與否定關鍵詞

質量度是在運用百度搜索推廣過程中對關鍵詞的一個重要考量指標，在百度搜索推廣中以五星十分的方式來呈現。質量越高，推廣的質量越優秀，潛在客戶的認可度就越高。

前面介紹了關鍵詞的匹配方式，實際使用廣泛匹配和短語匹配時，如果發現搜索關鍵詞時看到了不相關的搜索詞，同時借助百度統計這些詞並不能帶來轉化，可以利用添加否定關鍵詞，使得包含這些詞的搜索詞不觸發用戶的推廣結果。此外，添加精確否定關鍵詞，可以更大程度上縮小範圍，讓與這些詞完全一致的搜索詞不觸發用戶的推廣結果。

例如，為關鍵詞「英語培訓」設置廣泛匹配，在查看搜索詞報告時，會發現搜索「英語培訓主管」的網民也點擊了推廣結果。通過百度統計，進一步發現這些網民並沒有真正打開網頁或在網站上停留的時間極短。這時，可以在推廣計劃和推廣單元中將「主管」添加為否定關鍵詞。這樣，網民在搜索「招聘英語培訓

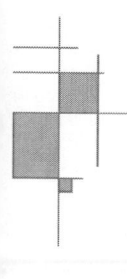

主管」等包含「主管」的搜索詞時，將不會看到推廣結果。

如果只是針對某些搜索詞進行精準的限制，就可以將其設為精確否定關鍵詞，僅讓與這些詞完全一致的搜索詞不觸發推廣結果。仍以「英語培訓」為例，搜索「培訓」也有可能展現推廣結果，此時可以將「培訓」設為精確否定關鍵詞，這樣搜索「培訓」的網民就看不到推廣結果了，而搜「英語培訓」的人仍可以看到。

否定關鍵詞、精確否定關鍵詞與搜索詞報告、廣泛匹配組合使用，可以使得網站在通過獲得更多潛在客戶訪問的同時，過濾不必要的展現點擊，降低轉化成本，提高投資回報率。但提醒您注意，過度使用或不當使用否定關鍵詞、精確否定關鍵詞也可能錯失潛在商機，影響推廣效果。

以「雅思口語」為例，進行質量度的考量見圖2-13。

圖 2-13　關鍵詞質量度

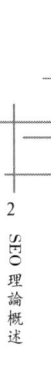

2.3.6 創意的撰寫與展現

1. 什麼是創意

創意是指網民搜索觸發推廣結果時，展現在網民面前的推廣內容，包括一行標題、兩行描述，以及訪問 URL 和顯示 URL。如圖 2-14 所示。

關鍵詞可以定位潛在客戶，創意的作用則是吸引潛在客戶。出色的創意可以使得推廣結果在眾多結果中脫穎而出，吸引潛在客戶訪問網站，並在瀏覽網站的基礎上進一步瞭解提供的產品和服務，進而採取轉化行為，如註冊、在線提交訂單、電話諮詢、上門訪問等。創意質量將在很大程度上影響關鍵詞的點擊率，並通過質量度進一步影響推廣費用和推廣效果。

為保證網民的搜索體驗，並最終保證推廣效果，創意內容應符合一定的規範。一個基本原則是創意內容必須針對關鍵詞撰寫，突出產品和服務的特色優勢，且語句通順、符合邏輯。此外，要想吸引更多網民關注，還可以學習一些高級技巧。

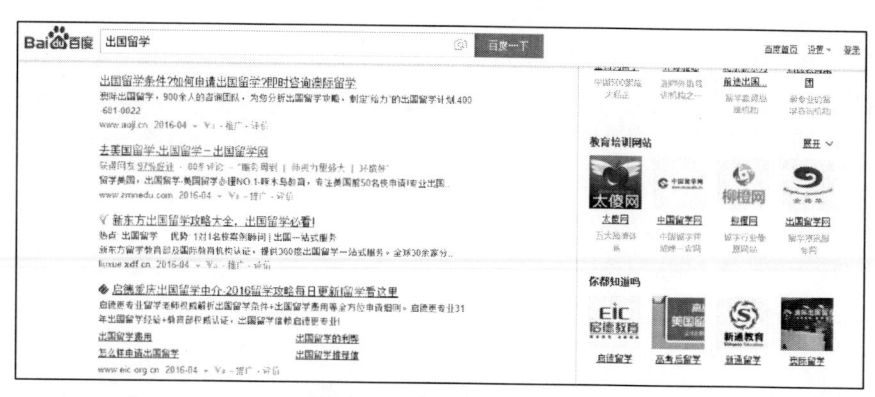

圖 2-14 「出國留學」創意

2. 創意的展現方式

百度搜索推廣提供了兩種不同的創意展現方式：優選和輪替。我們可以在推廣計劃中的「修改設置」中進行選擇。輪替展現方式意味著每條創意的展現概率是相同的，而優選展現方式意味著系統將選擇表現更優、網民更認可的創意予以更多的展現，自動優化推廣效果。

3. 通配符的使用

通配符可以幫助在創意中插入關鍵詞。通過通配符獲得飄紅來吸引網民關注，可以帶來更高的點擊率。此外，使用通配符也有助於增強網民搜索詞、關鍵詞和創意之間的相關性。這些都意味著質量度的提升，進而也意味著推廣費用的降低和投資回報率的提高。基於以上兩點，我們建議大家重視通配符的使用。

2.4 SEO 相關操作技巧

2.4.1 宣傳鏈輪

SEO 鏈輪是從國外引入的一種較為新穎的 SEO 策略，是一種比較先進的網絡行銷方式。在此，我們對於這一策略做一個簡單的介紹，以便大家對這種策略有一個總體的瞭解。SEO 鏈輪是指通過在互聯網上建立大量的獨立站點，這些獨立站點通過單向的、有策略的、有計劃的、緊密的連結，並都指向要優化的目標網站，以達到提升目標網站在搜索引擎結果中的排名。

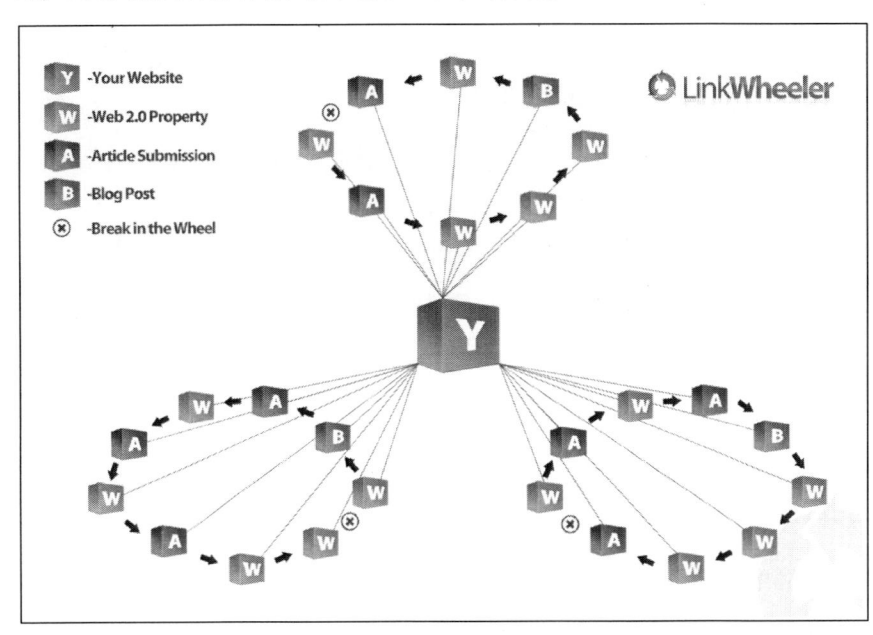

圖 2-15　鏈輪結構

如圖 2-15 中所示，「Y」表示的是要做排名的目標網站，周圍環狀結構中的方塊代表的是次要網站。這些次要網站組成鏈輪一樣的環狀結構，然後全部做單項連結指向中間的目標網站。這是一個基本的鏈輪結構，可以在這一技術上拓展開來。

從 SEO 的角度來說，SEO 鏈輪不僅可以傳遞網站權重，還可以增加網站的收錄量和訪問量。但是在用站群進行 SEO 鏈輪策略時，都不是隨便添加幾篇文章就可以一勞永逸的，更多的時候需要有策略、有計劃地更新，需要投入精力細心去琢磨，工作量也是相當大的。建立這些鏈輪前期需要時間進行建設，當各鏈輪中站點的 PR 值、權重全都提升到一個樂觀程度上時，目標網站的權重、排名將會有質的飛躍，不過整個過程是很漫長的。總之，鏈輪需要耗費大量的人力、物力和財力，比較適合大型網站，團隊配合完成。所以我們可以在擁有大量的網站和

資源後再考慮做鏈輪。

2.4.2 網站外鏈、收錄量及排名

在本節我們將介紹一下做 SEO 時，如何查詢外鏈、收錄量等方法，為我們更好地做網站 SEO 提供幫助，瞭解 SEO 的進展效果。

（1）網站外鏈的查詢方法

對於百度搜索引擎，如果要想查詢外鏈，可以利用「domain」指令加上要查詢的網站域名。例如我們在百度搜索中輸入「domain：www.yingyu.com」，如圖 2-16 所示，共有 565,355 個查詢結果。

圖 2-16　網站外鏈查詢

這個顯示結果不包括錨文本，只包含網址外鏈，可以作為一個參考。百度「domain」指令是平時使用較為方便的一種，此外還有很多其他的外鏈查詢方式，這裡不再一一贅述。另外，Google 並不存在「domain」指令查詢方法。

在查詢連結的時候，我們需要注意的是發布的連結不會立刻顯示出來，因為發布的連結需要被搜索引擎審核收錄，如果被收錄，還需要一段時間才能得以顯現。如果發布的連結未被收錄，則無法顯示。如果總體的連結數量是上升的，反應出外鏈情況良好。此外，由於搜索引擎並不是很準確，我們不需要特意關注外鏈的數量，只需要參考一下一段時間內外鏈的總體增長情況。

（2）收錄量的查詢方法

只要頁面被搜索引擎收錄，該頁面針對的關鍵詞才具備排名。對於百度搜索引擎，只有我們的網頁、內頁的某篇文章或者某一個關鍵詞被收錄了，我們的網頁才能在百度具有排名。被收錄是具備排名的前提。對於百度搜索引擎的收錄量查詢方法，在這裡我們介紹使用「site」指令的方法，即「site：」加上要查詢的網站。例如我們在百度搜索引擎中輸入「site：www.yingyu.com」，如圖 2-17 所

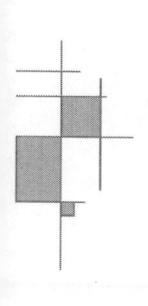

示，顯示「該網站共有 565,355 個網頁被百度收錄」。對於收錄量的查詢這只是其中的一種較為快捷方便的查詢方法，對於其他收錄辦法，讀者也可以自己學習並嘗試。

圖 2-17　網站收錄量查詢

2.4.3　錯誤連結、死連結和 404 錯誤界面

1. 錯誤連結和死連結

錯誤連結是指整個連結都是錯誤的、根本不存在的，一般是由用戶拼寫錯誤導致的。死連結指原來正常，後來失效的連結。死連結發送請求時，服務器返回 404 錯誤頁面。

出現錯誤連結的情況主要有以下四種：

（1）用戶域名拼寫錯誤。

（2）URL 地址書寫錯誤。

（3）URL 後綴多餘了或缺少了斜杆。

（4）URL 地址中出現的字母大小寫不完全匹配。

出現死連結的情況主要有以下四種：

（1）動態連結在數據庫不再支持的條件下，變成死連結。

（2）某個文件或網頁移動了位置，導致指向它的連結變成死連結。

（3）網頁內容更新並換成其他的連結，原來的連結變成死連結。

（4）網站服務器設置錯誤。

其實，無論是死連結還是錯誤連結，對於用戶來說，都意味著其要訪問的網頁打不開了，這對用戶而言是非常不好的體驗。如果網站存在很多的死連結，訪問用戶對網站的印象就會不好，這自然就會影響網站訪問量。

2. 404 錯誤界面

在瀏覽器中我們任意輸入一個不存在的網站，會顯示「無法找到該網頁」，

及所謂的系統默認的 404 頁面，提示訪問者所訪問的網並不存在（見圖 2-18）。如果在天貓網址「www.tmall.com」後面加入一些字母後綴，也會打開一個並不存在的網頁，如圖 2-19 所示。

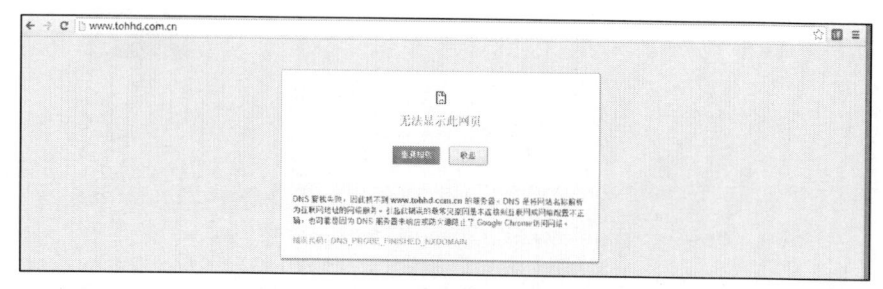

圖 2-18　系統默認的 404 界面

圖 2-19　天貓網的自定義 404 頁面

　　圖 2-19 所示的 404 頁面與系統默認的 404 界面不同。這種大中型網站自己設計的 404 界面，稱之為自定義 404 界面。如果網站不做自定義網頁，用戶訪問的網站不存在，那麼就會自動跳轉到系統默認的 404 界面。

　　對於網站來說，刪除一些內容是很正常的，特別是大型網站這種情況就更加普遍，所以用戶點擊訪問的網站出現不存在的概率比較高。如果網站自己定義了自己網站的 404 界面，當用戶訪問的網站不存在的時候，可以給用戶提供一些其他的網址，引導用戶瀏覽其他頁面，防止訪客流失。網站在初期不一定需要做自定義的 404 網站，因為此時做自定義 404 網站對於 SEO 排名不太重要，如果網站較為龐大，則可以考慮做。

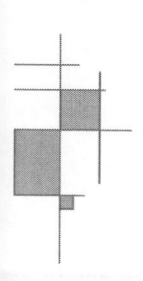

2.4.4 百度權重和 PR

搜索引擎給網站（包括網頁）賦予一定的權威值，對網站（含網頁）權威評估評價。一個網站權重越高，在搜索引擎所占的份量越大，在搜索引擎排名就越好。提高網站權重，不但能讓網站（包括網頁）在搜索引擎的排名更靠前，還能提高整站的流量，提高網站信任度。所以，提高網站的權重是非常重要的。權重即網站在 SEO 中的重要性、權威性，是 SEO 給一個網站的一種待遇。

網站的權重高，則該網站的排名一般也比較不錯。例如我們在百度搜索引擎中搜索「英語」，如圖 2-20 所示，排在前面的網站的權重一定比後邊的大。權重綜合了各方面因素，SEO 各方面都做得很好，搜索引擎才會提高該網站的權重。

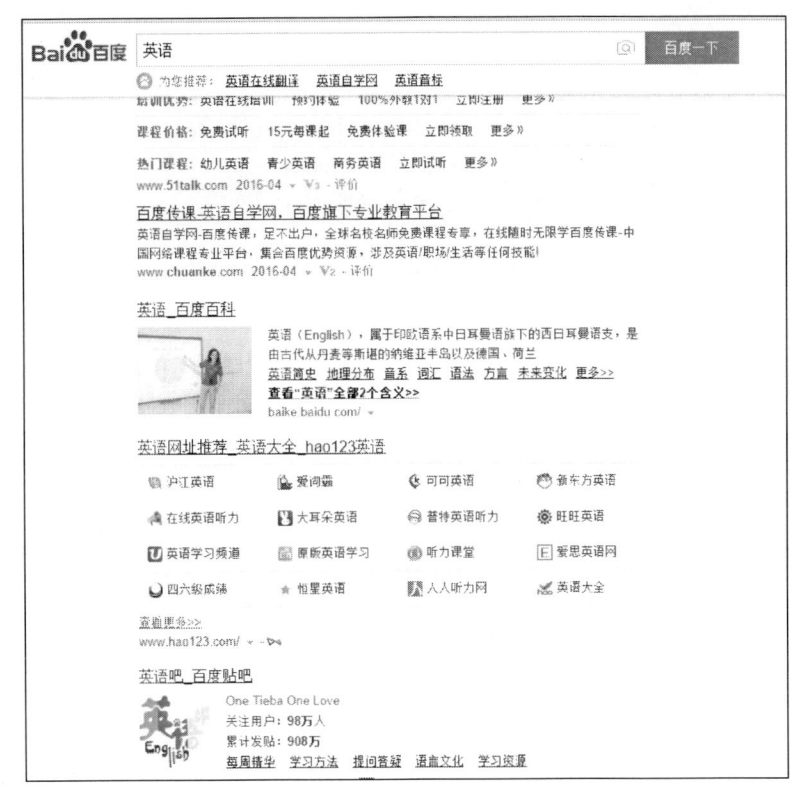

圖 2-20 「英語」搜索結果

PR 的全稱為 PageRank（網頁級別），它是用來表現網頁等級的一個標準，級別是 0 到 10，是 Google 用於評測一個網頁「重要性」的一種方法。PR 是谷歌對一個網站的綜合性評價，有以下幾個重點：

①PR 是針對網頁的評價，而不是對網站的評價，即網站的每一頁都有 PR。

②PR 有 PR0～PR10，它是以數字為區分的。新網站為 PR0，全世界 PR10 屈指可數，中國只有一個 PR10，就是工業與信息化部的網站。全中國的網站都是

其部網站的外鏈，即它有 7 億個外部連結，所以它是就 PR10。一般 PR3 是不錯的，PR4 是比較好的，PR5 是很好的，PR6 是非常好的，PR7 算是頂級的，PR8 算是無比頂級的，如：搜狐、新浪。百度、谷歌就是 PR9 級別的了。

PR 值是谷歌常用的衡量網站重要程度的一個值，PR 值和權重是兩個不對等的概念，知識衡量一個網站權重的指標，不是 PR 值越高，權重就一定越高或者排名一定靠前。

2.4.5　nofollow 標籤

nofollow 是一個 HTML 標籤的屬性值。這個標籤的意義是告訴搜索引擎「不要追蹤此網頁上的連結或不要追蹤此特定連結」。

nofollow 是一個 HTML 標籤的屬性值。它的出現為網站管理員提供了一種方式，即告訴搜索引擎「不要追蹤此網頁上的連結」或「不要追蹤此特定連結」。這個標籤的意義是告訴搜索引擎這個連結不是作者信任的，所以這個連結不是一個信任票。nofollow 標籤是由谷歌領頭創新的一個「反垃圾連結」的標籤，並被百度、Yahoo 等各大搜索引擎廣泛支持，引用 nofollow 標籤的目的是指示搜索引擎不要追蹤（即抓取）網頁上的帶有 nofollow 屬性的任何出站連結，以減少垃圾連結的分散網站權重。

簡單說就是，如果 A 網頁上有一個連結指向 B 網頁，但 A 網頁給這個連結加上了 rel =「nofollow」標註，則搜索引擎不把 A 網頁計算入 B 網頁的反向連結。搜索引擎看到這個標籤就可能減少或完全取消連結的投票權重。

2.5　百度搜索推廣基本內容介紹

2.5.1　百度搜索引擎推廣

本章我們將對搜索引擎搜索推廣的作用及百度搜索推廣涉及的內容進行大致簡介，對於百度搜索推廣的具體操作步驟，在後邊的章節均有涉及。

1. 什麼是百度搜索推廣

百度搜索推廣是一種按效果收費的網絡推廣模式，是百度推廣的重要組成部分。百度搜索引擎是現今中文搜索引擎中使用最廣的一種，每天網民利用百度搜索引擎進行數億次計的搜索，這些搜索行為中隱藏著大量的商業意圖和商業價值，用戶在搜索時，很大一部分是希望購買或者瞭解某一商品，又或者是尋找提供某一服務的提供商。同時這些產品或者服務商也在尋找著潛在客戶。百度搜索推廣的關鍵詞定位技術，可以將高價值的企業推廣結果精準地展現給具備商業價值的搜索用戶，滿足網民的搜索需求和企業的推廣需求，達到雙贏的結果。圖 2-21 為搜索引擎競價推廣流程。

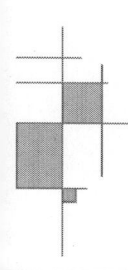

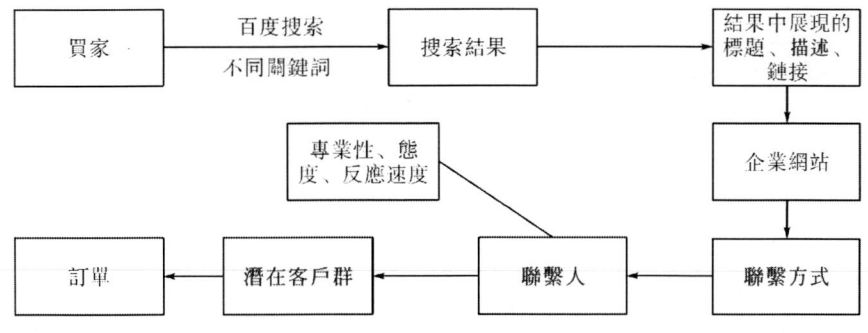

```
買家 ──百度搜索不同關鍵詞──→ 搜索結果 ──→ 結果中展現的標題、描述、鏈接
                                              ↓
專業性、態度、反應速度 ──→                    企業網站
                      ↓                       ↓
訂單 ←── 潛在客戶群 ←── 聯繫人 ←── 聯繫方式
```

圖 2-21　搜索引擎競價推廣流程

　　百度搜索推廣具有覆蓋面廣、針對性強、按效果付費、管理靈活等優勢，可以將推廣結果免費地展現給大量網民，但只需為有意向的潛在客戶的訪問支付推廣費用。相對於其他推廣方式，百度搜索推廣可以更靈活地控制推廣投入，快速調整推廣方案，通過持續優化不斷地提升投資回報率。

　　2. 搜索引擎競價推廣的優勢

　　（1）按效果付費：搜索引擎競價推廣按照給企業帶來的潛在客戶訪問數量計費，沒有客戶訪問則不計費，並為企業提供詳盡、真實的關鍵詞訪問報告，企業可隨時登錄查看關鍵詞在任何一天的計費情況。

　　（2）針對性極強：對企業產品真正感興趣的潛在客戶能通過有針對性的「產品關鍵詞」直接訪問到企業的相關頁面，更容易達成交易。

　　（3）關鍵詞範圍：企業可以同時註冊多個關鍵詞（數量不限），讓企業的每一種產品和服務都有機會被潛在客戶發現，獲得最好的推廣效果。

　　（4）顯著的展示位置：企業的廣告被投放在百度搜索結果頁顯著的位置，讓潛在客戶第一眼就能看到企業的廣告信息。

　　（5）見效速度快：企業註冊的關鍵詞審核、網站發布時間不超過兩天。

　　（6）支持地區推廣：企業可根據限定區域或省市做推廣計劃，只有指定地區的用戶在百度搜索引擎平臺上搜索企業註冊的關鍵詞時，才能看到企業的推廣信息，為企業節省推廣資金。

　　3. 推廣結果的展現

　　通過百度搜索推廣的關鍵詞定位技術，用戶的推廣結果將按照標題、描述、網站連結（URL）的形式展現在具備消費意向的搜索用戶面前。目前百度搜索引擎的搜索結果頁大致有 4 種推廣結果頁面佈局樣式：

　　（1）搜索結果首頁左側無底色的「推廣」位置，此處最多展現 8 條不同的推廣結果。

　　（2）搜索結果首頁左側帶有底色的「推廣連結」位置，此處最多展現 5 條不同的推廣結果，上下兩處展現的結果一致；左側上下推廣連結內容相同。（圖文樣式只展現在上方首位）

　　（3）搜索結果首頁及翻頁後的頁面右側，每頁最多展現 8 條不同的推廣

結果。

（4）與品牌廣告同臺展現時，品牌廣告在上，搜索推廣在下。

2.5.2 推廣帳戶、推廣計劃與推廣單元

1. 百度推廣帳戶結構

搭建一個優秀的百度推廣帳戶，是企業做推廣成功的關鍵，下面為大家詳細介紹推廣帳戶的主要內容。推廣帳戶有四層結構：帳戶-計劃-單元-關鍵詞（如圖2-22）。推廣帳戶內可新建100個計劃，一個計劃可新建1,000個單元，一個單元可提交5,000個關鍵詞和50個創意。

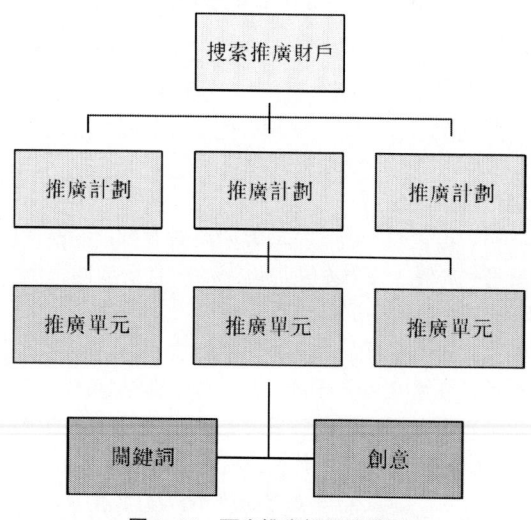

圖 2-22　百度推廣帳戶結構圖

2. 推廣計劃

推廣計劃是管理推廣的大單元，單獨劃分出清晰的推廣計劃，不僅有助於我們針對不同的業務來分配預算、統計效果，還有助於我們建立明確的推廣單元，更加優化我們的網站，有助於我們提高網站的點擊量。

百度競價推廣計劃劃分有以下幾種方式：

（1）按照帳號推廣關鍵詞的類別進行劃分，如品牌詞、產品詞、行業詞、競品詞等。

（2）按產品的種類進行劃分，產品種類多的可以一款產品建一個推廣計劃。

（3）按推廣的地域進行劃分，為了達到更好的推廣效果，可以根據推廣目標市場的分佈按地域進行劃分。

（4）按推廣的時段進行劃分，根據公司競價推廣的時段以及關鍵詞在不同時段出價和排位的變化，按時段進行計劃的劃分。

（5）按公司的活動以及產品的促銷情況進行計劃的劃分。

（6）按關鍵詞的消費情況或轉化效果進行重新劃分，如高消費詞，低消費

詞、高轉化詞、低轉化詞等。

這些只是推廣計劃劃分的幾種參考思路，在實際操作中，可以結合公司競價推廣的實際情況，進行相應的推廣計劃劃分，只要方便帳戶操作和管理，怎樣劃分都是可以的。對於百度搜索推廣中建立推廣計劃的具體步驟，我們在後邊會有具體的介紹。

3. 推廣單元

推廣單元是百度推廣帳號管理關鍵詞和創意的小單位，推廣單元的建立與關鍵詞的選擇息息相關，一個推廣單元裡面可以設置很多關鍵詞。之所以要建立推廣單元是由於推廣計劃不能一次徹底地把關鍵詞分得很明確，推廣單元的再一次歸類就使關鍵詞的分類更為明確，進而也使得帳戶更加清晰化。

建立好推廣計劃以後，要仔細地考慮合理劃分推廣單元。一個計劃下一般會有多個推廣單元。首先，需要參照計劃的思路，細分單元，應該邏輯清晰，減少重複，以便於後期管理和評估。其次，需要將「詞義相近，結構相同」的關鍵詞歸到同一單元中，保持思路清晰，主題唯一，詞性句式統一，這樣便於商戶撰寫更相關的創意，也利於在創意中嵌入關鍵詞，在搜索結果頁吸引更多注意，提高點擊率。

對於推廣單元的設置技巧，我們這裡大致介紹 5 種方法：
①同一單元關鍵詞意義相近，結構相似。
②推廣單元的名稱要圍繞核心關鍵詞來寫。
③為一個單元寫 3~5 條密切相關的創意。
④為每一個推廣單元設置單獨的「主題」。
⑤按照網民的搜索意圖建立推廣單元。

2.5.3 帳戶、推廣計劃與推廣單元狀態

在使用百度搜索推廣時，百度推廣帳戶、推廣計劃、推廣單元均具備不同的狀態，在這裡具體介紹帳戶、計劃、單元的推廣狀態。

1. 百度搜索推廣的帳戶狀態

百度搜索推廣的帳戶狀態共有 5 種：有效、餘額為零、暫停推廣、預算不足、未通過審核。

①有效：帳戶有效狀態表示目前這個帳戶可以正常推廣，但是具體是否可以正常展現廣告，要看帳戶、單元、計劃等綜合層級的狀態是否滿足展現要求。

②餘額為零：若競價帳戶的餘額為空，那就必須及時聯繫客服充值，否則是沒法進行廣告投放的。

③暫停推廣：很多帳戶的很多創意和關鍵詞都會設置為暫停推廣，有的是因為時間問題，有的是因為季節原因，暫停以後廣告不上線，如需上線百度後臺啟用即可。

④預算不足：表示當天的消費已經基本消耗完畢，關鍵詞創意廣告不會上

線，如需上線需要添加日預算。①

⑤未通過審核：很多競價帳戶都存在被拒的情況。為什麼會被百度拒絕？主要是因為網站域名、關鍵詞、創意等不符合百度競價的要求。帳戶被拒主要表現為下線處理，搜索關鍵詞不再出現廣告信息，出現這樣的情況需要和百度客服及時溝通解決，以免影響公司推廣銷售。

2. 百度推廣計劃狀態

推廣計劃狀態體現推廣計劃當前的推廣情況，共包括以下 4 種狀態：有效、暫停推廣、處於暫停時段和預算不足。

①有效：表示推廣計劃當前可以推廣，但推廣結果能否正常上線展現，是由帳戶、推廣計劃、推廣單元、關鍵詞與創意等各層級的狀態共同決定的，可以點擊小燈泡查看詳情。

②暫停推廣：表示推廣計劃設置了暫停，此時推廣計劃內的關鍵詞和創意將不會在網民搜索結果中展現，直至點擊「啟用」來取消該推廣計劃的暫停。

③處於暫停時段：表示推廣計劃設置了「推廣時段管理」且當前處於暫停推廣時段之內。此時推廣計劃內的關鍵詞和創意將不會在網民搜索結果中展現。

④預算不足：表示推廣計劃在當日的消費已經達到了您為該推廣計劃設置的預算。當推廣計劃處於該狀態時，推廣計劃內的關鍵詞和創意將不會在網民搜索結果中展現。

3. 百度推廣單元狀態

百度競價推廣單元的狀態可以體現推廣單元當前的推廣情況，包括以下 2 種狀態：有效和暫停推廣。

①有效：表示推廣單元當前可以推廣，但推廣結果能否正常上線展現是由帳戶、推廣計劃、推廣單元、關鍵詞與創意等各層級的狀態共同決定的，可以點擊小燈泡查看詳情。

②暫停推廣：表示推廣單元設置了暫停，此時推廣單元內的關鍵詞和創意將不會在網民搜索結果中展現，直至點擊「啟用」來取消該推廣單元的暫停。

2.5.4 預算、推廣地域、推廣時段與移動出價比例

1. 預算設置

對於預算，在百度推廣層級有帳戶日預算和周預算的設置。此外，除了帳戶層級能設置預算，推廣計劃層級也能設置預算。百度帳戶的日預算表示企業每天願意支付的最高推廣費用，每日預算不能低於 50 元。百度帳戶的周預算表示企業每週願意支付的最高推廣費用，根據網站的流量特點，每週的推廣費用會智能地分配到當週的每一天，每週預算不能低於 388 元。推廣計劃層級的預算，表示的是企業願意在該計劃中支付的最高推廣費用，計劃每日預算不能低於 50 元，帳戶層級不能設置周預算。

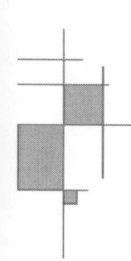

---

① http://www.yijianjingjia.com/news/20130927498.html。

2. 推廣計劃的地域設置

在百度推廣帳戶中，推廣計劃可以使用推廣帳戶的推廣區域，也可以單獨為推廣計劃設置推廣區域。推廣帳戶的推廣區域作用於整個帳戶，推廣計劃的推廣區域作用於該計劃。

3. 推廣時段的設置

在我們的推廣過程中，企業的有些推廣不一定是 24 小時的在線推廣，可以對於推廣時段進行設置。在推廣時段的設置中，企業可以以小時為單位來設置暫停。在暫停期間，制定範圍內的推廣結果將不再展現在網民面前。此時，推廣計劃狀態將顯示為「處於暫停時段」。

4. 移動出價比例

搜索推廣可以通過 PC 端進行訪問，但在移動端的點擊價格是可以通過移動出價比例來設置的。企業可以用關鍵詞出價乘以一定比例的方式設定移動設備的關鍵詞出價，方便企業使用同一個計劃管理多個設備端的投放。移動設備的關鍵詞出價最高不超過 999.99 元。

5. 精確匹配拓展

精確匹配擴展功能，又稱地域詞擴展功能，功能啟用後，當您設置的關鍵詞中包含地域詞時，位於該地域（按 IP 地址來判斷）的網民搜索除去地域詞以外的部分，也有可能展現您的推廣結果。例如設置了關鍵詞「北京英語培訓」（精確匹配），啟用此功能後，位於北京的網民在搜索「英語培訓」時也可能會看到您的推廣結果，位於其他地區的網民搜索「英語培訓」則不會展現您的推廣結果。

實戰篇

3 實驗一：系統使用基礎

3.1 實驗目的

1. 熟悉百度行銷實驗室的進入與退出及其編輯環境。
2. 熟悉百度推廣帳號首頁的基本情況。
3. 熟悉百度帳戶推廣概況頁面的基本情況。
4. 熟悉推廣管理頁面的基本功能。
5. 熟練掌握建立帳戶結構、建立推廣計劃的方法。
6. 熟練掌握添加關鍵詞、新增創意的方法。

3.2 客戶基本信息

客戶基本信息見表 1-1。

表 1-1 客戶基本信息

公司行銷目標		通過公司網站中各項培訓產品的網絡推廣，提高網址的訪問量並進一步形成訂單
客戶基本信息	公司名稱	重慶雅思培訓學校
	行業概況	已有的投放渠道 1. 傳統渠道：在公交站廣告牌、報刊、雜誌做廣告 2. 網絡投放：也曾嘗試過通過網站展示廣告（新浪網） 以往投放 sem 經驗 公司市場部對 sem 沒有任何經驗，瞭解同行通過百度搜索推廣效果不錯，希望嘗試搜索推廣並獲得較多的訂單回報 主要競爭對手 1. 重慶環球雅思學校 2. 四川外國語大學雅思培訓
	公司規模	中型公司
	公司推廣預算	每天 3,000 元
	受眾目標	主要潛在客戶：學生 潛在客戶覆蓋地區：北京、河北 潛在客戶群可能上網搜索時段：重慶地區周一至周五 11：00~22：00，週末全天 成都地區周一至周五 17：00~20：00，週末 10：00~22：00
	官網網址	edu.baidu.com

3.3 實驗內容

「重慶雅思培訓學校」剛剛開通百度搜索推廣帳戶，目前帳戶還沒有建立推廣方案，請根據客戶基本信息，建立帳戶結構（新建計劃、單元）、提交關鍵詞和創意。

3.4 實驗要求

1. 建立帳戶結構，建立計劃——「重慶推廣計劃」

（1）新建「重慶推廣計劃」，創意展現方式為「優選」，推廣地域為「重慶」。

（2）在「重慶推廣計劃」下新建推廣單元「雅思口語班」，設置單元出價「3元」。

（3）在「重慶推廣計劃」下新建推廣單元「雅思週末班」，設置單元出價「2元」。

2. 添加關鍵詞

（1）在「雅思口語班」單元中添加 10 個「雅思口語班」相關的關鍵詞，全部設置為廣泛匹配。

（2）在「雅思週末班」單元中添加 10 個「雅思週末班」相關的關鍵詞，全部設置為短語匹配。

3.5 實驗步驟

1. 建立計劃——「重慶推廣計劃」

（1）新建「重慶推廣計劃」，創意展現方式為「優選」，設置推廣地域「北京」。

①打開實驗室系統，點擊搜索推廣中「進入」，進入「推廣管理」，如圖 3-1 所示。

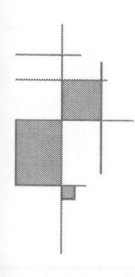

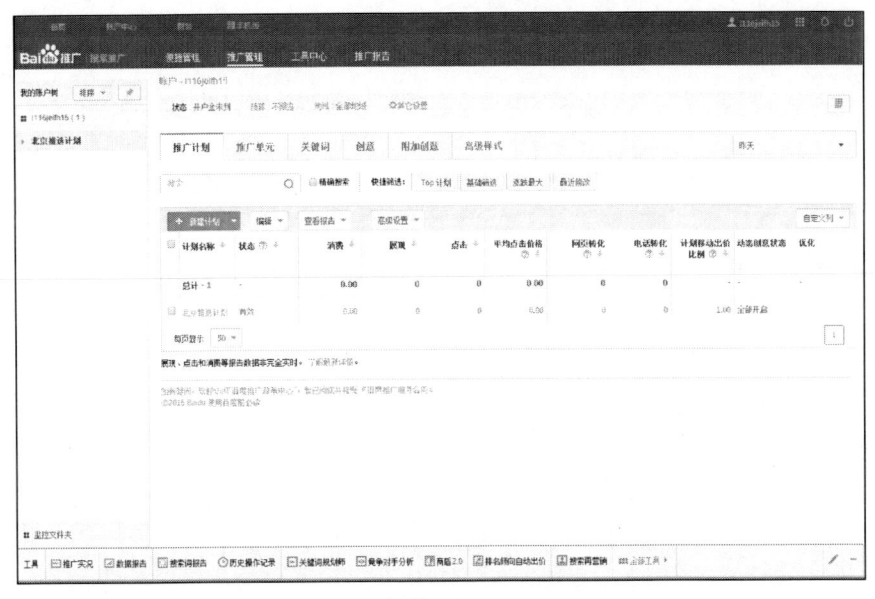

圖 3-1

②點擊「推廣計劃」中的「新建推廣計劃」選項，進入如下界面，如圖 3-2 所示。

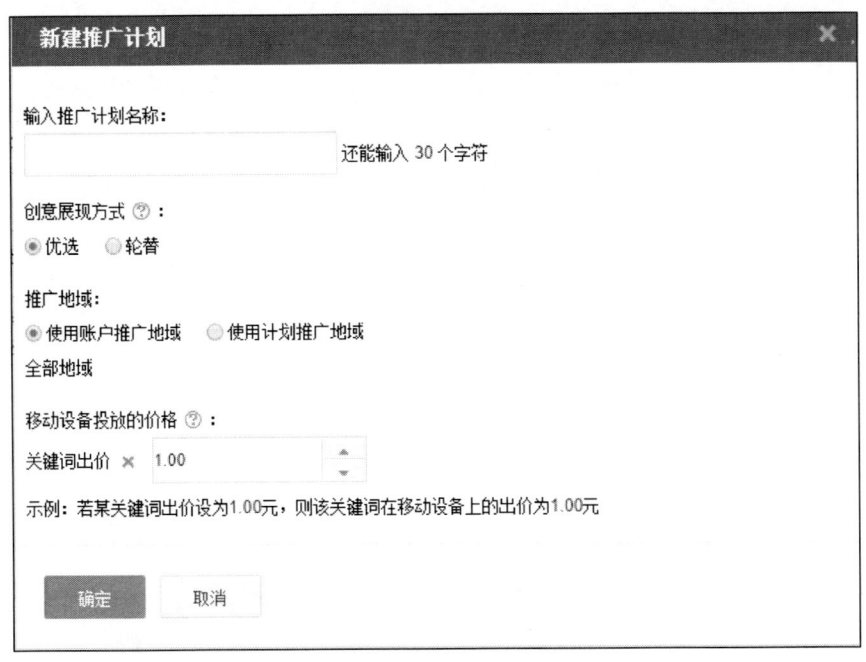

圖 3-2

如圖 3-3 所示，首先在「輸入推廣計劃名稱」中輸入「重慶推廣計劃」。其次，在「創意展現方式」一欄中選擇「優選」。再次，在「推廣區域」一欄中選擇「使用計劃推廣區域」，然後點擊「全部區域」，在彈出的頁面中選擇「部分區域」。最後再在如下圖所示的頁面中選擇「重慶」，並點擊「確定」。

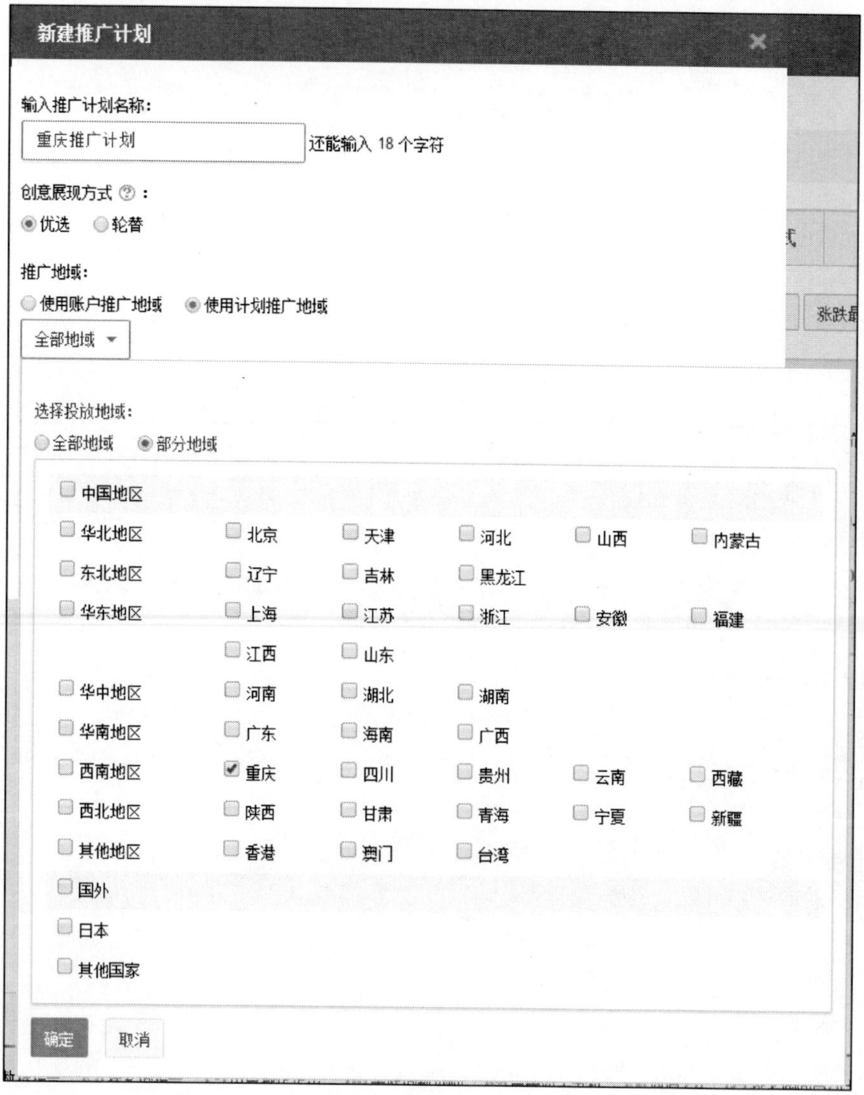

圖 3-3

③設置完相關內容後，點擊圖 3-3 中的「確定」，即可在主界面「推廣計劃」一欄中查看新建的推廣計劃，如圖 3-4 所示。

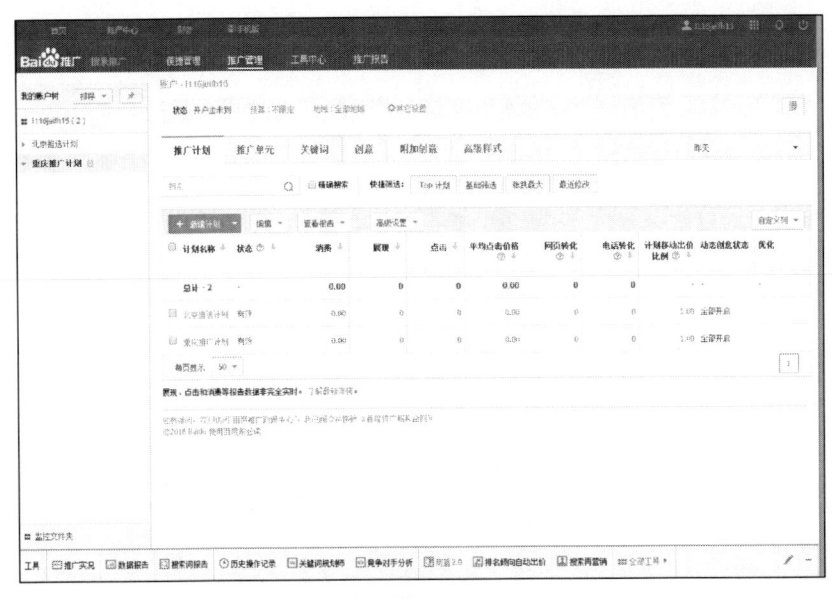

圖 3-4

（2）新建推廣單元：選擇目標計劃名「重慶推廣計劃」→輸入單元名稱「雅思口語班」→設置單元出價「3元」。

①在「推廣管理」界面中，點擊「重慶推廣計劃」，進入圖3-5所示界面。

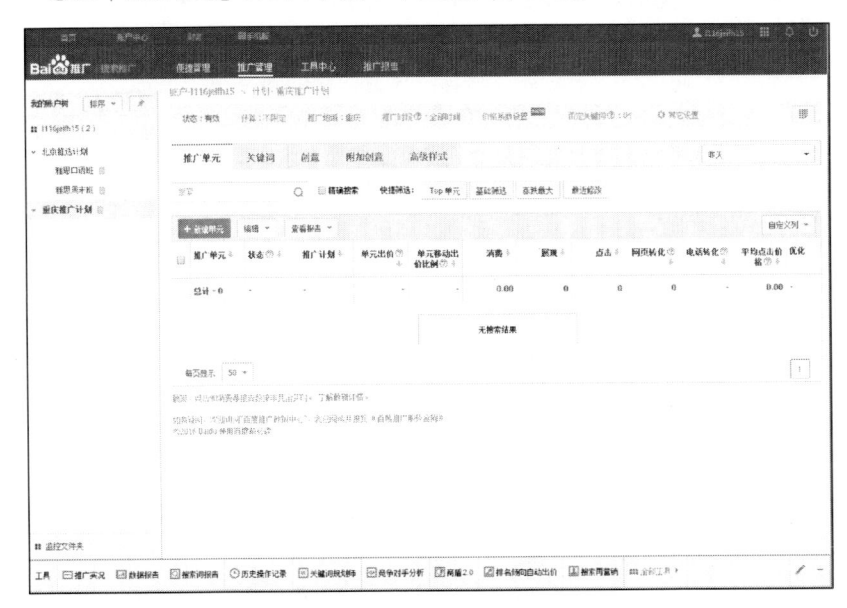

圖 3-5

②點擊「新建單元」，進入「新建單元」設置界面，在「目標計劃名」中選

擇「重慶推廣計劃」，在「輸入推廣單元名稱」一欄中輸入「雅思口語班」，在「單元出價（元）」一欄中輸入「3」。

③完成設置後，點擊「確定」，即可完成推廣單元的新建工作，如圖3-6所示。

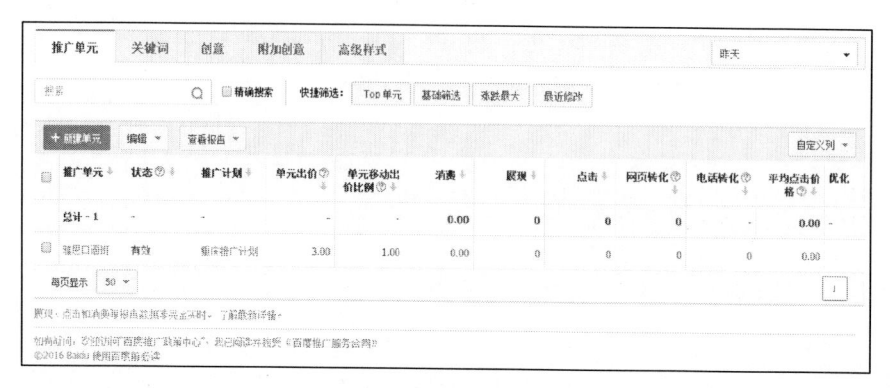

圖 3-6

（3）新建推廣單元：選擇目標計劃名「重慶推廣計劃」→輸入單元名稱「雅思週末班」→設置單元出價「2元」。

①在「推廣管理」界面中，點擊「重慶推廣計劃」，在圖3-6所示界面中點擊「新建單元」，進入「新建單元」設置界面，在選擇「重慶推廣計劃」，在「輸入推廣單元名稱」一欄中輸入「雅思週末班」，在「單元出價（元）」一欄中輸入「2」。

②完成設置後，點擊「確定」，即可完成推廣單元的新建工作，如圖3-7所示。

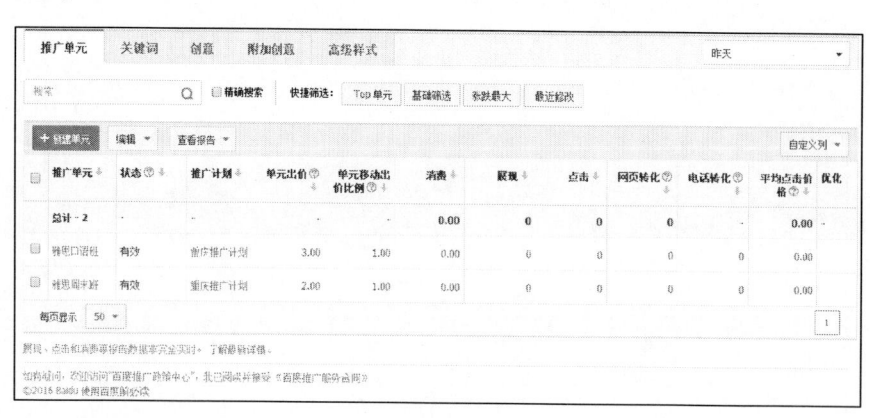

圖 3-7

2. 添加關鍵詞

（1）在「雅思口語班」單元中添加10個「雅思口語班」相關的關鍵詞，全部設置為廣泛匹配。

①在如圖3-7所示的推廣單元界面中點擊「雅思口語班」，進入設置頁面，

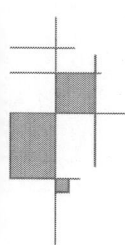

如圖 3-8 所示。

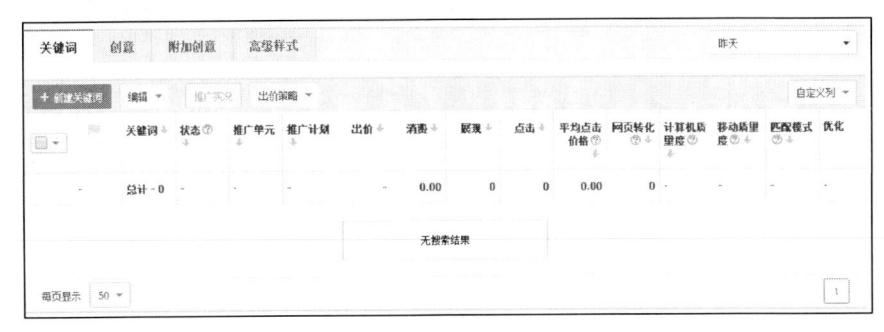

圖 3-8

②點擊圖 3-8 中「新建關鍵詞」，進入圖 3-9 所示界面。

圖 3-9

③點擊圖 3-9 中「搜索添加」，在「搜索添加」頁面中輸入「雅思口語班」，點擊「搜索」可得到圖 3-10 所示界面。

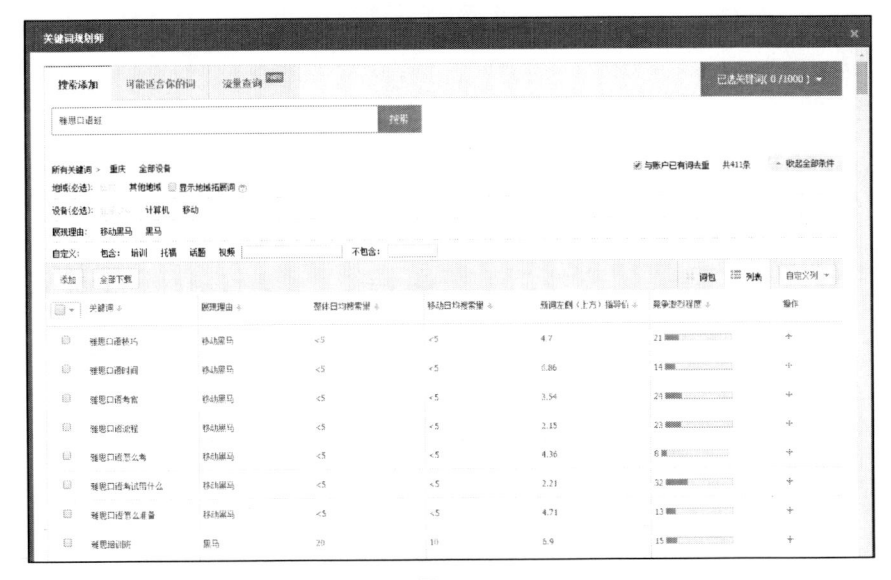

圖 3-10

④在圖 3-10 中，勾選所需要的關鍵詞，進入圖 3-11 界面，並點擊圖 3-11 中「添加」選項，即可將所選中的關鍵詞添加進「已選關鍵詞」如圖 3-11 所示。

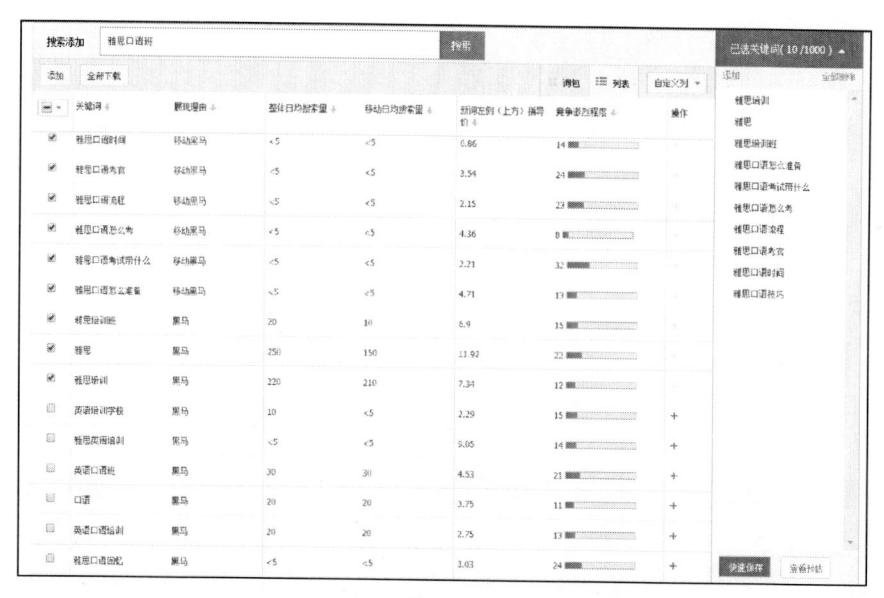

圖 3-11

③點擊圖 3-11 中「已選關鍵詞」一欄中的「快速保存」，進入圖 3-12 所示界面。

圖 3-12

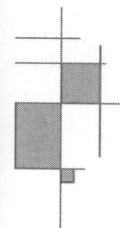

④在如圖 3-12 所示界面中的「匹配模式」一欄選擇「廣泛匹配」，並點擊「快速保存」，即完成關鍵詞的保存，並彈出如圖 3-13 所示的界面，點擊「去推廣管理頁」，即可返回推廣管理界面。

圖 3-13

⑤建立關鍵詞後，我們可以看到如圖 3-14 所示的界面。

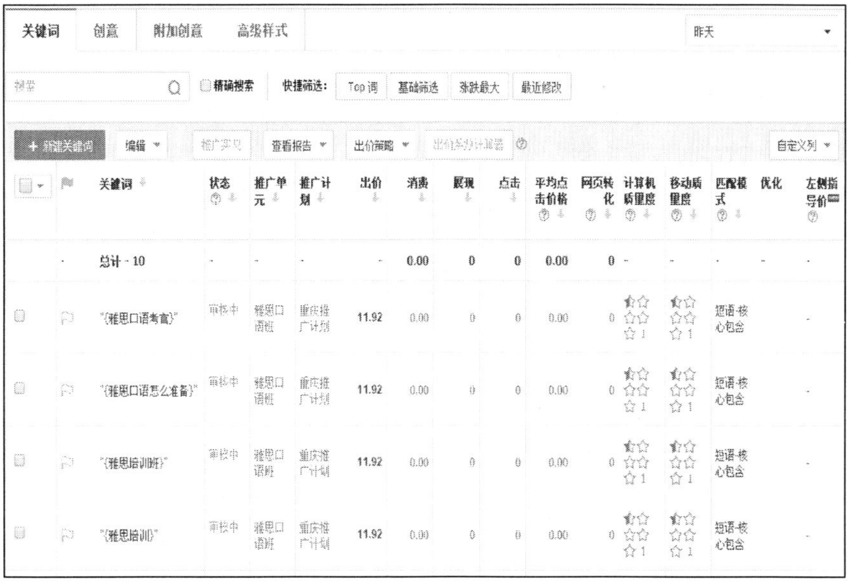

圖 3-14

（2）在「雅思週末班」單元中添加 10 個「雅思週末班」相關的關鍵詞，全部設置為短語匹配。

①同添加「雅思口語班」相似，在「推廣單元」中點擊「雅思週末班」，在彈出的頁面中，點擊「新建關鍵詞」，在「關鍵詞規劃師」中搜索「雅思週末班」，並添加 10 個關鍵詞，並在「匹配模式」一欄中選擇「短語匹配」，便可建立如圖 3-15 所示的關鍵詞界面。

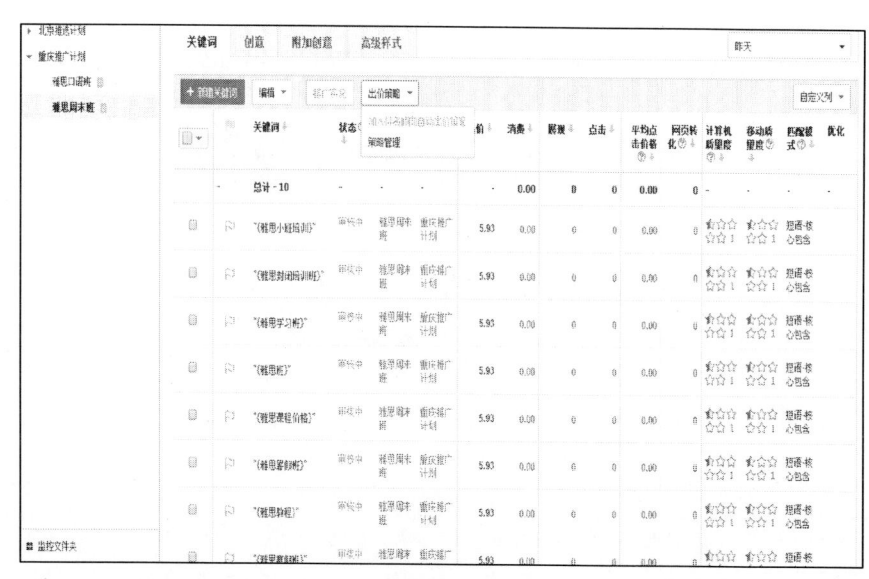

圖 3-15

3.6 實驗任務

1. 新建推廣計劃二——「成都推廣計劃」

（1）新建「成都推廣計劃」，創意展現方式為「優選」，推廣地域為「北京」。

（2）在「成都推廣計劃」下建立單元「雅思保過班」，設置單元出價「3元」；新建推廣單元「雅思速成班」，設置單元出價「2元」。

2. 添加關鍵詞

（1）在「雅思保過班」單元中添加 10 個「雅思保過班」相關的關鍵詞，全部設置為精確匹配。

（2）在「雅思速成班」單元中添加 10 個「雅思速成班」相關的關鍵詞，全部設置為廣泛匹配。

4 實驗二：各層級設置

4.1 實驗目的

1. 熟悉百度行銷實驗室推廣計劃的帳戶層級的設置。
2. 熟悉推廣計劃層級的內容設置。
3. 熟練掌握推廣計劃日預算的設置。
4. 熟練掌握推廣計劃的推廣區域的選擇。
5. 熟練掌握推廣計劃的推廣時段的設置。

4.2 客戶基本信息

表 1-2　客戶基本信息

公司行銷目標	通過公司網站中各項培訓產品的網絡推廣，提高網址的訪問量並進一步形成訂單	
客戶基本信息	公司名稱	重慶雅思培訓學校
	行業概況	已有的投放渠道 1. 傳統渠道：在公交站廣告牌、報刊、雜志做廣告 2. 網絡投放：通過網站展示廣告（新浪網） 以往投放 SEM 經驗 公司市場部對 SEM 沒有任何經驗，瞭解同行通過百度搜索推廣效果不錯，希望嘗試搜索推廣並獲得較多的訂單回報。 主要競爭對手 1. 重慶環球雅思學校 2. 四川外國語大學雅思培訓
	公司規模	中型公司
	公司推廣預算	每天 1,500 元
	受眾目標	主要潛在客戶：學生 潛在客戶覆蓋地區：重慶、成都 潛在客戶群可能上網搜索時段：重慶地區周一至周五 11：00~22：00，週末全天 成都地區周一至周五 17：00~20：00，週末 10：00~22：00
	官網網址	edu.baidu.com

4.3 實驗內容

在實驗一中,「重慶雅思培訓學校」已經搭建起了推廣方案的帳戶結構,並提交了關鍵詞、撰寫了創意。為了完成整個方案的製作,在實驗一的基礎上,還需要根據企業的推廣需求對帳戶的各層級進行設置。

4.4 實驗要求

1. 新增創意
(1) 在「雅思口語班」單元中新增兩條以上與「雅思口語班」相關的創意。
(2) 在「雅思週末班」單元中新增兩條以上與「雅思週末班」相關的創意。
2. 帳戶層級設置
(1) 設置帳戶層級日預算為「1,500 元」。
(2) 設置帳戶層級推廣區域為「重慶」和「成都」。
(3) 設置帳戶 IP 排除「172.38.66.*」,以排除本公司 IP 地址段,以免造成不必要的消費。
3. 推廣計劃層級——「重慶推廣計劃」計劃層級設置
(1) 設置「重慶推廣計劃」日預算為「800 元」。
(2) 設置「重慶推廣計劃」推廣區域為「重慶」和「成都」。
(3) 設置「重慶推廣計劃」推廣時段為「周一至周五 11:00~22:00,週末全天」。

4.5 實驗步驟

1. 新增創意
(1) 在「雅思週末班」單元中新增兩條以上與「雅思週末班」相關的創意。
①點擊「雅思週末班」單元,進入圖 4-1 所示界面。

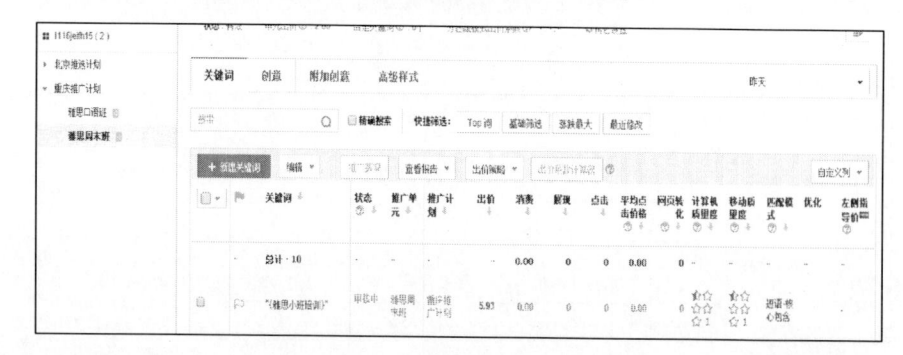

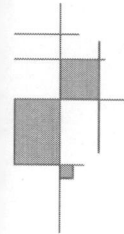

圖 4-1

②點擊圖 4-1 中「創意」欄，進入圖 4-2 所示界面。

圖 4-2

③點擊圖 4-2「新建創意」，進入圖 4-3 所示的界面，然後進行圖 4-3 和圖 4-4 所示的設置，新增兩條創意。

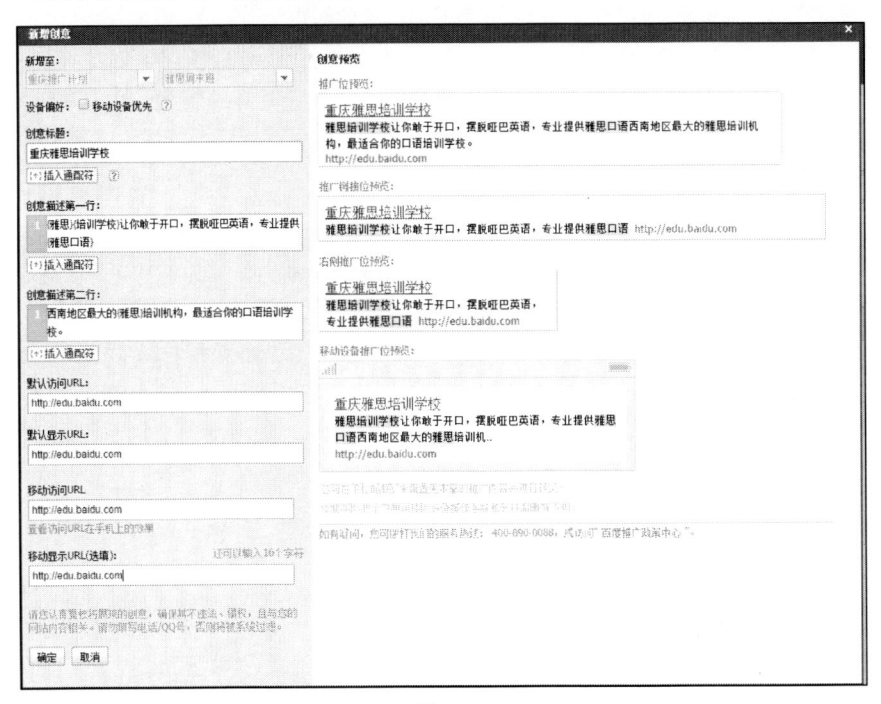

圖 4-3

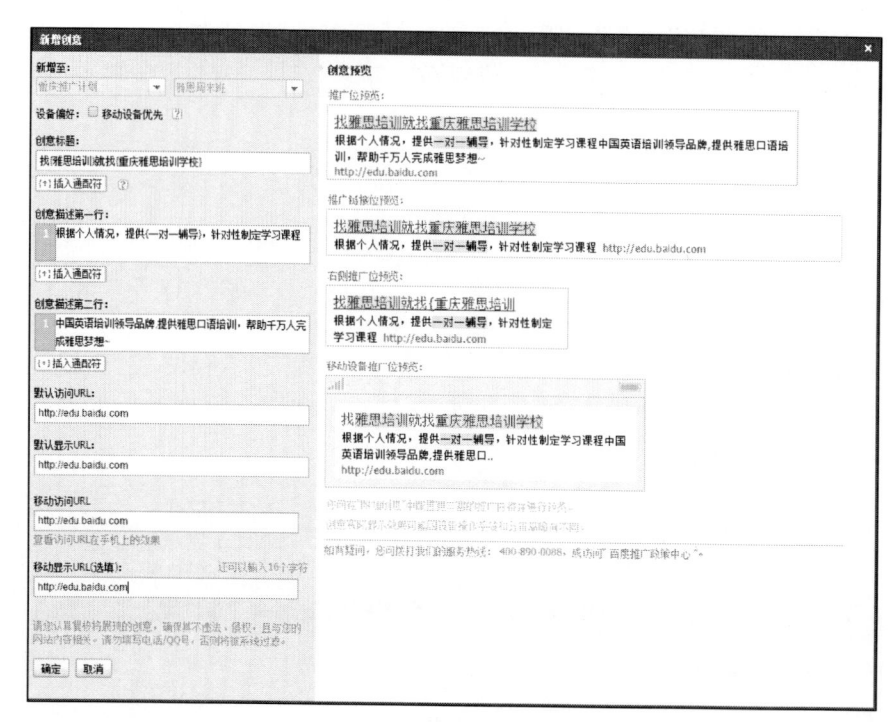

圖 4-4

④點擊圖 4-4「確定」，即可查看所增加的新增創意，如圖 4-5 所示。

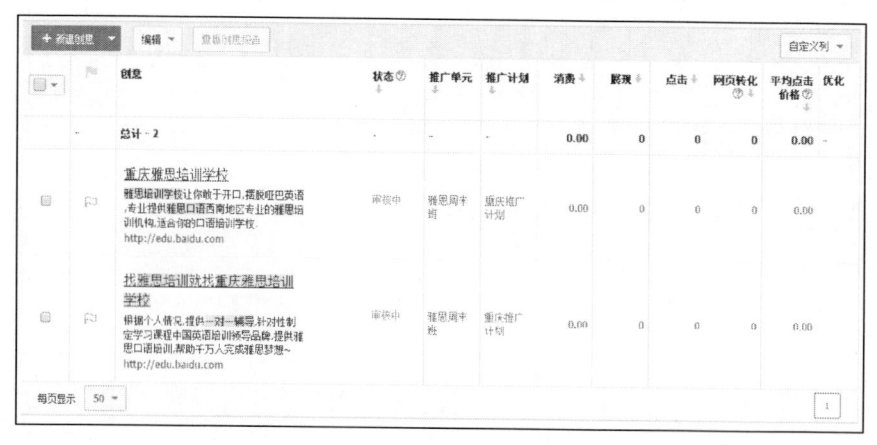

圖 4-5

（2）在「雅思口語班」單元中新增兩條以上與「雅思口語班」相關的創意。

①在圖 4-1 推廣計劃中點擊「雅思口語班」，增加兩條新增創意，如圖 4-6 和圖 4-7 所示。

图 4-6

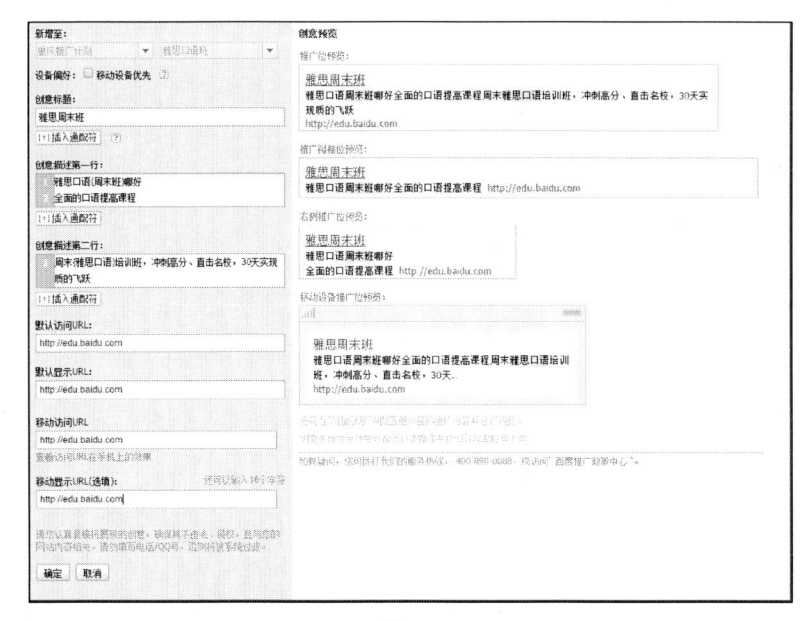

图 4-7

②點擊圖 4-7「確定」，即可查看所增加的新增創意，如圖 4-8 所示。

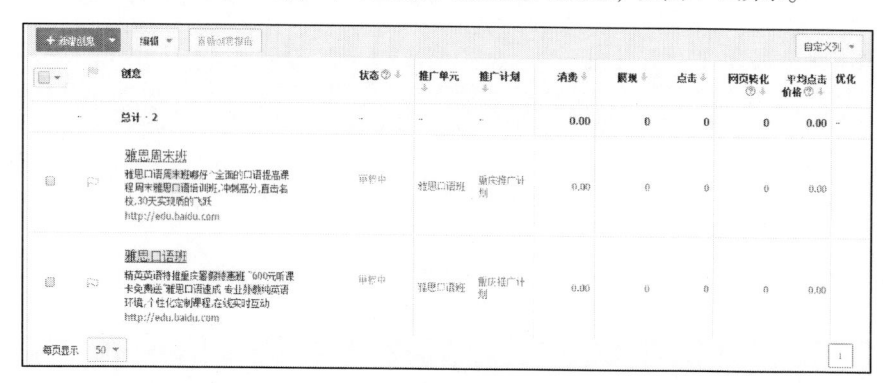

圖 4-8

2. 帳戶層級設置

（1）設置帳戶層級日預算為「1,500」元。

①進入「搜索推廣」頁面，點擊頁面左側的預算「修改」選項。

②如圖 4-9 所示，在彈出的對話框中，預算一欄選擇「每日」，在彈出的「目前日預算」一欄改為「1,500」，然後點擊「確定」即可完成設置。

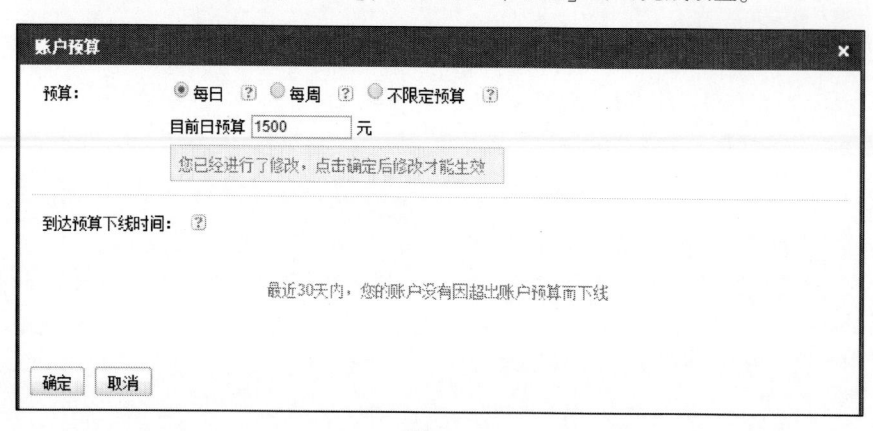

圖 4-9

③完成設置如圖 4-10 所示。

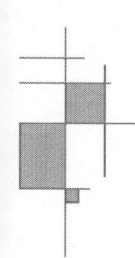

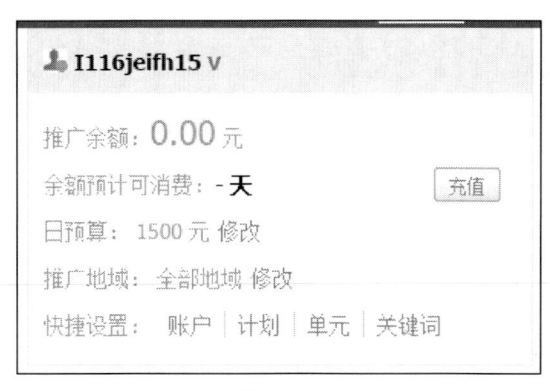

圖 4-10

（2）設置帳戶層級推廣區域為「重慶」和「成都」。

①在圖 4-11 中選擇「便捷管理」頁面左側的推廣地域的「修改」，進行推廣地域的修改。

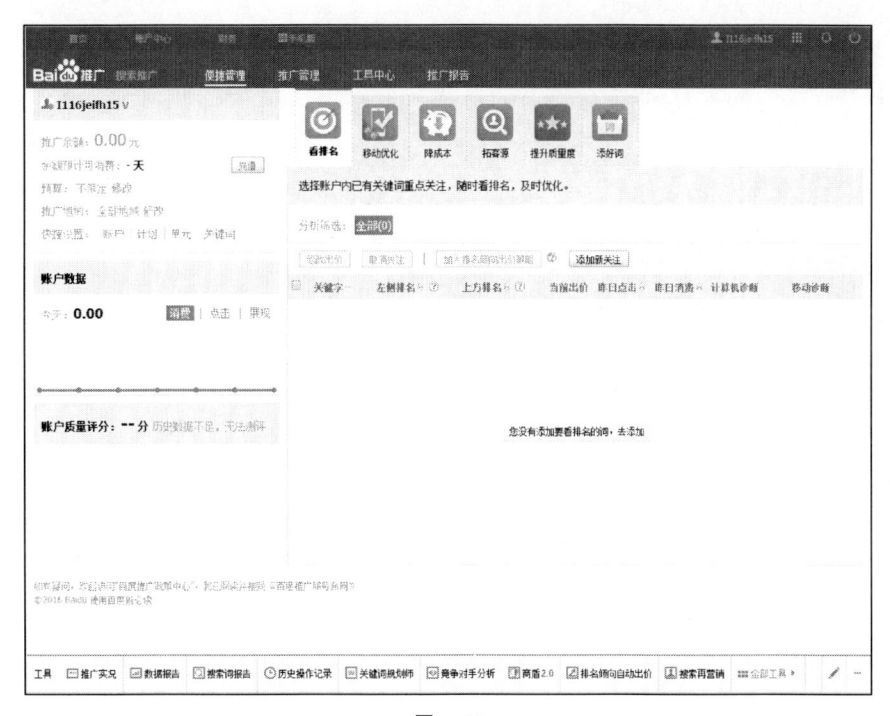

圖 4-11

②在彈出的「帳戶推廣地域」修改中，選擇「部分地域」，然後選擇「重慶」和「成都」，最後點擊「確定」，即可完成「帳戶推廣區域」的修改，如圖 4-12 所示。

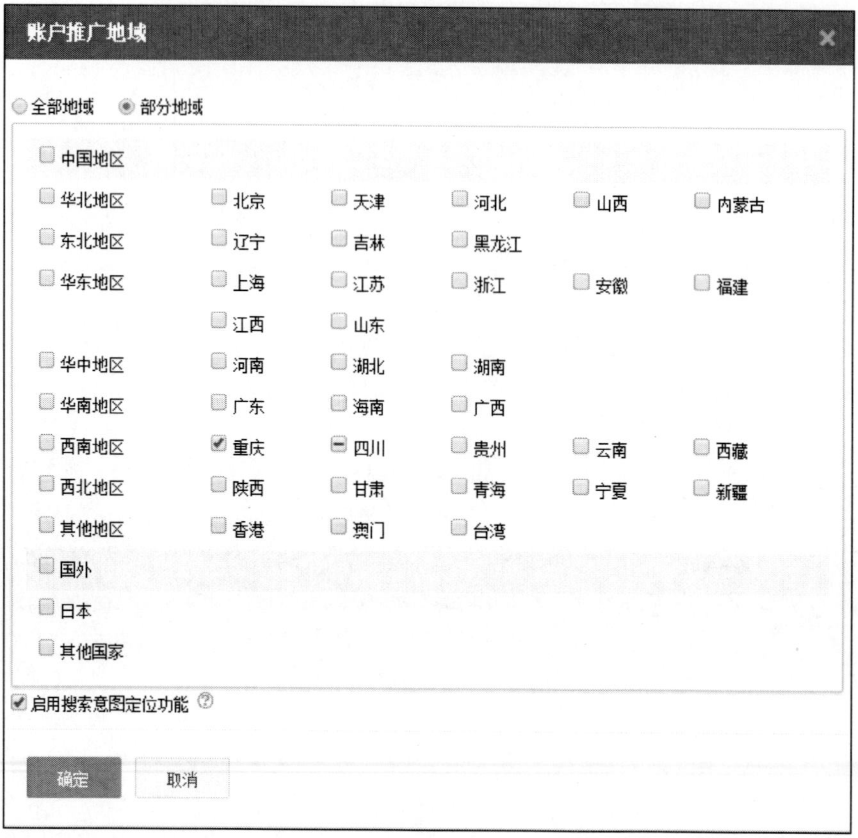

圖 4-12

（3）設置帳戶 IP 排除「172.38.66.*」，以排除本公司 IP 地址段，以免造成不必要的消費。

①在選擇「搜索推廣」頁面選擇「工具中心」,如圖4-13所示。

圖4-13

②在圖4-13中選擇「工具中心」的「商盾2.0」,點擊「使用」,進入商盾2.0界面,如圖4-14所示。

圖4-14

③在彈出的界面（圖4-14）中點擊「進入屏蔽管理」，在所彈出的頁面中選擇「手動展現屏蔽」，然後點擊下方的「新增IP屏蔽」，最後再輸入需要屏蔽的IP地址段。如圖4-15所示。

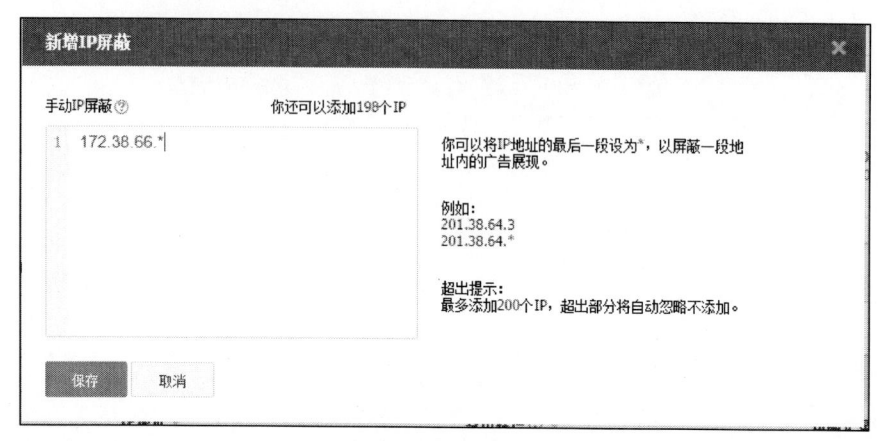

圖 4-15

④設置完成後，點擊「保存」，即可完成IP屏蔽設置，並可以在「手動展現屏蔽」界面中查看，如圖4-16所示。

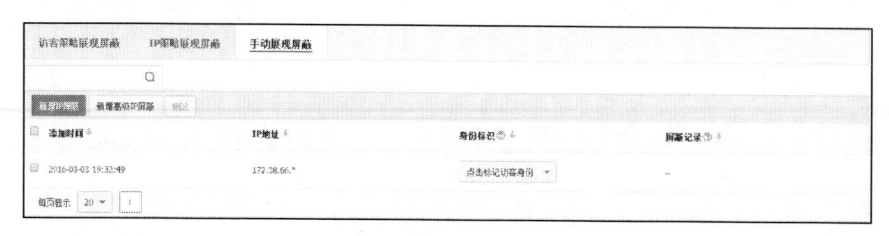

圖 4-16

3. 推廣計劃層級——「重慶推廣計劃」計劃層級設置

（1）設置「重慶推廣計劃」，日預算為「800元」，推廣區域「重慶」和「成都」，推廣時段為「周一至周五11：00~22：00，週末全天」，「否定關鍵詞」為「雅思教材」「雅思講師培訓」。

①回到搜索推廣界面（圖4-14），進入推廣界面，進入「推廣管理」界面，並選擇「重慶推廣計劃」，即可在頁面上方看到「重慶推廣計劃」的「狀態」「預算」「推廣地域」「推廣時段」「否定關鍵詞」的等內容。

②點擊「預算」，進入「計劃預算」界面，如圖4-17所示。在彈出的頁面中選擇「每日」，並設置「目前日預算」為800元，然後點擊「確定」，即可完成日預算的設置。

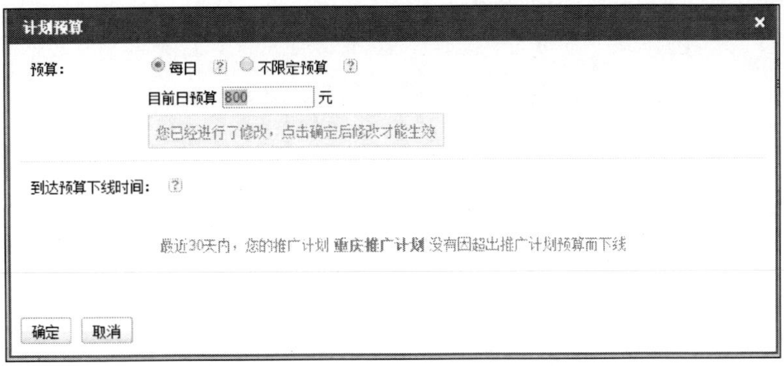

圖 4-17

③點擊「推廣區域」，進入「計劃推廣地域」設置界面，選擇「部分地域」，然後選擇「重慶」，點擊「確定」，即可完成推廣計劃區域的設置，如圖 4-18 所示。

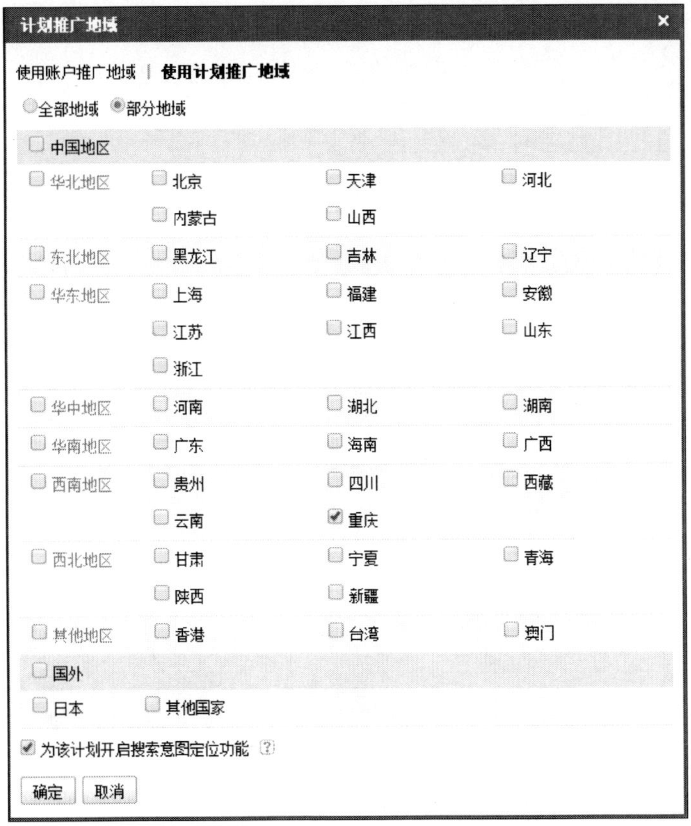

圖 4-18

④點擊「推廣時段」，即可進入「修改推廣時段」界面，然後勾選預先計劃的時間，點擊「確定」即可完成推廣時段的修改，如圖4-19所示。

圖4-19

4.6 實驗任務

1. 新增創意
(1) 在「雅思保過班」單元中新增兩條以上與「雅思口語班」相關的創意。
(2) 在「雅思速成班」單元中新增兩條以上與「雅思週末班」相關的創意
2. 帳戶層級設置
(1) 修改帳戶層級日預算為「1,200元」。
(2) 修改帳戶層級推廣區域為「重慶」和「四川」。
3. 推廣計劃層級——「成都推廣計劃」計劃層級設置
(1) 設置「成都推廣計劃」日預算為「600元」。
(2) 設置「成都推廣計劃」推廣區域「四川」。
(3) 設置「成都推廣計劃」推廣時段為「周一至周五17：00~20：00，週末10：00~22：00」。

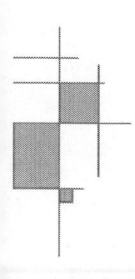

5 實驗三：進階訓練（一）

5.1 實驗目的

1. 熟練掌握設置否定關鍵詞、計劃名稱的調整。
2. 熟練掌握創意展現方式的設置、設置 IP 排除、計劃狀態的調整。
3. 熟悉掌握單元狀態的調整。
4. 熟悉掌握關鍵詞狀態的調整。
5. 熟悉掌握關鍵詞出價的設置。

5.2 客戶基本信息

表 1-3　客戶基本信息

公司行銷目標		通過公司網站中各項培訓產品的網絡推廣，提高網址的訪問量並進一步形成訂單
客戶基本信息	公司名稱	重慶雅思培訓學校
	行業概況	已有的投放渠道 1. 傳統渠道：在公交站廣告牌、報刊、雜誌做廣告 2. 網絡投放：通過網站展示廣告（新浪網） 以往投放 SEM 經驗 公司市場部對 SEM 沒有任何經驗，瞭解同行通過百度搜索推廣效果不錯，希望嘗試搜索推廣並獲得較多的訂單回報。 主要競爭對手 1. 重慶環球雅思學校 2. 四川外國語大學雅思培訓
	公司規模	中型公司
	公司推廣預算	每天 3,000 元
	受眾目標	主要潛在客戶：學生 潛在客戶覆蓋地區：重慶、成都 潛在客戶群可能上網搜索時段：重慶地區周一至周五 11：00~22：00，週末全天 成都地區周一至周五 17：00~20：00，週末 10：00~22：00
	官網網址	edu.baidu.com

5.3 實驗內容

在實驗二的基礎上,對推廣帳戶和個推廣計劃做了初步的設置,構建起了基礎的推廣計劃。在經過一段時間的推廣後,根據推廣情況需要對在推廣單元層級、關鍵詞層級、創意層級分別進行相應的修改。

5.4 實驗要求

1. 推廣計劃層級修改設置

(1)設置「重慶推廣計劃」的「否定關鍵詞」為「雅思教材」和「雅思講師培訓」。

(2)將「重慶推廣計劃」推廣計劃名稱修改為「雅思重慶推廣計劃」和創意展現方式設置為「優選」。

(3)設置「雅思重慶推廣計劃」IP排除「201.38.65.100」和「201.38.65.200」,計劃狀態設置為「有效」。

(4)將所有的單元均設置為「有效」。

2. 推廣單元層級的修改設置

(1)將「雅思重慶推廣計劃」內的「雅思週末班」單元名稱修改為「雅思週末班-重慶」。

(2)將「雅思重慶推廣計劃」內的「雅思口語班」單元名稱修改為「雅思口語班-重慶」。

5.5 實驗步驟

1. 推廣計劃修改

(1)設置「重慶推廣計劃」的「否定關鍵詞」為「雅思教材」和「雅思講師培訓」。

①點擊「否點關鍵詞」,即可進入「否定關鍵詞」設置界面,然後選擇「否定關鍵詞」,輸入否定關鍵詞,點擊「保存」即可完成否定關鍵詞的設置,如圖5-1所示。

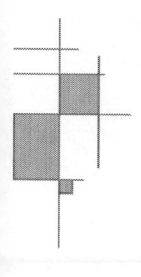

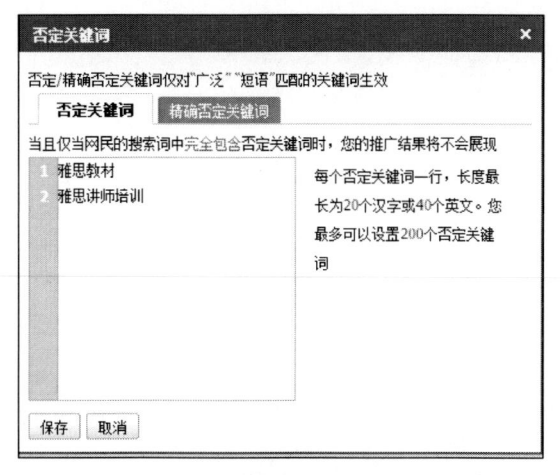

圖 5-1

②完成上述設置後，即可在界面中看到設置後的結果，如圖 5-2 所示。

圖 5-2

（2）將「重慶推廣計劃」推廣計劃名稱修改為「雅思重慶推廣計劃」、創意展現方式設置為「優選」。

①在「推廣管理」中選擇「重慶推廣計劃」，然後點擊重慶推廣計劃頁面中的「其他設置」，如圖 5-3 所示。

圖 5-3

②在「其他設置」界面，將推廣計劃名稱進行修改，並將創意展現方式改為「優選」，點擊「保存」即可完成設置，如圖 5-4 所示。

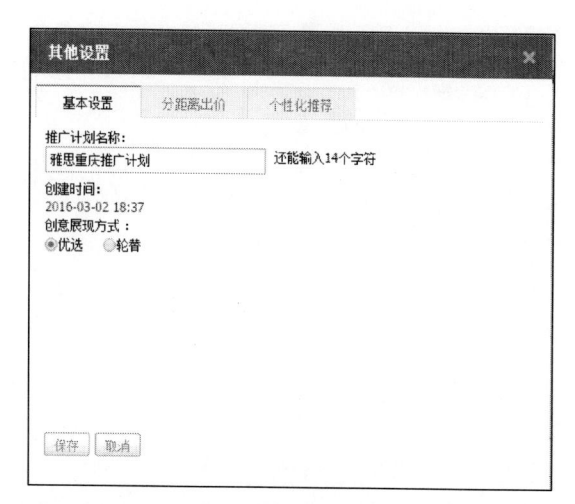

圖 5-4

（3）設置「雅思重慶推廣計劃」IP 排除「201.38.65.100」和「201.38.65.200」，計劃狀態設置為「有效」。

①在「搜索推廣」頁面選擇「工具中心」，如圖 5-5 所示。

圖 5-5

②選擇「工具中心」的「商盾2.0」，點擊「使用」，進入商盾2.0 界面，如圖 5-6 所示。

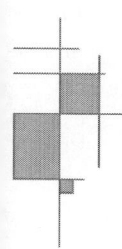

圖 5-6

③在彈出的界面中點擊「進入屏蔽管理」，在所彈出的頁面中選擇「手動展現屏蔽」，然後點擊下方的「新增 IP 屏蔽」，然後輸入需要屏蔽的 IP 地址段，如圖 5-7 所示。

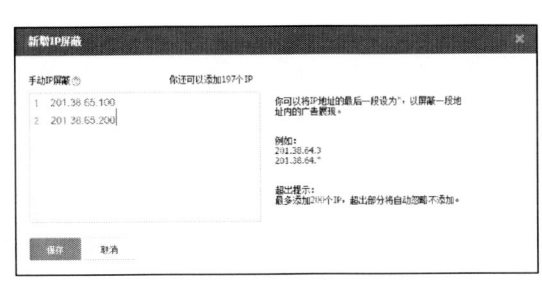

圖 5-7

④設置完成後，點擊「保存」，即可完成 IP 屏蔽設置，並可以在「手動展現屏蔽」界面中查看，如圖 5-8 所示。

圖 5-8

（4）將所有的單元均設置為「有效」。

①在「推廣管理」界面，選擇「推廣單元」，在推廣單元計劃「狀態」欄即可更改推廣單元狀態，如圖 5-9 所示：

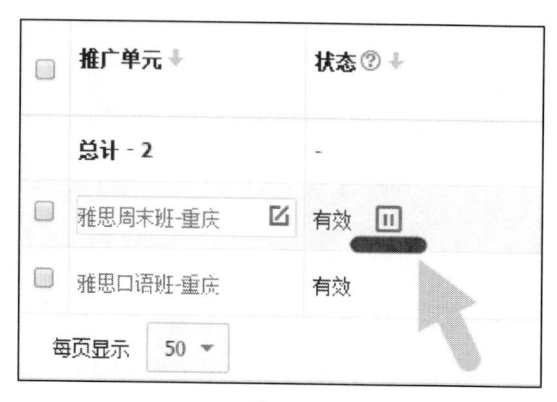

圖 5-9

2. 推廣單元層級的修改設置

（1）將「雅思重慶推廣計劃」內的「雅思週末班」單元名稱修改為「雅思週末班-重慶」。

①點擊「進入」，進入搜索推廣界面；點擊「推廣管理」，進入推廣管理界面；點擊「推廣單元」；點擊「雅思週末班」名稱；點擊「修改」，進入修改界面，如圖 5-10 所示。

圖 5-10

②在修改界面中，對推廣單元名稱進行修改，點擊「確定」即可完成修改，如圖 5-11 所示。

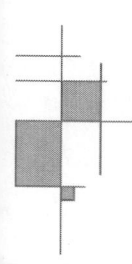

圖 5-11

　　(2)將「雅思重慶推廣計劃」內的「雅思口語班」單元名稱修改為「雅思口語班-重慶」。

　　①在「推廣單元」界面，點擊「雅思口語班」名稱，點擊「修改」，進入修改界面，進行修改，點擊「確定」，即可完成修改。修改完成後，如圖 5-12 所示：

圖 5-12

5.6　實驗任務

1. 推廣計劃層級修改設置

(1)設置「成都推廣計劃」的「否定關鍵詞」為「雅思教材」和「雅思光盤」。

(2)將「成都推廣計劃」推廣計劃名稱修改為「雅思成都推廣計劃」，創意展現方式設置為「優選」。

(3)不設置「雅思成都推廣計劃」IP 排除，計劃狀態設置為「暫停推廣」。

(4)將所有的單元均設置為「有效」。

2. 推廣單元層級的修改設置

　①將「雅思成都推廣計劃」內的「雅思保過班」單元名稱修改為「雅思保過班-成都」。

　②將「雅思成都推廣計劃」內的「雅思速成班」單元名稱修改為「雅思速成班-成都」。

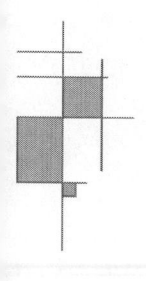

6 實驗四：進階訓練（二）

6.1 實驗目的

1. 熟悉對單元層級各內容的修改情況。
2. 熟悉掌握對推廣單元層級出價的調整。
3. 熟練掌握設定精確否定關鍵詞。
4. 熟練掌握關鍵詞狀態的調整。
5. 熟練掌握關鍵詞出價的設置。
6. 熟練掌握關鍵詞訪問 URL 的設置。
7. 創意的修改。
8. 熟練掌握創意的修改和創意狀態的調整（有效/暫停推廣）。

6.2 客戶基本信息

表 1-4　客戶基本信息

客戶基本信息	公司行銷目標	通過公司網站中各項培訓產品的網絡推廣，提高網址的訪問量並進一步形成訂單
	公司名稱	重慶雅思培訓學校
	行業概況	已有的投放渠道 1. 傳統渠道：在公交站廣告牌、報刊、雜志做廣告 2. 網絡投放：通過網站展示廣告（新浪網） 以往投放 SEM 經驗 市場部對 SEM 沒有任何經驗，瞭解同行通過百度搜索推廣效果不錯，希望嘗試搜索推廣並獲得較多的訂單回報。 主要競爭對手 1. 重慶環球雅思學校 2. 四川外國語大學雅思培訓
	公司規模	中型公司
	公司推廣預算	每天 3,000 元
	受眾目標	主要潛在客戶：學生 潛在客戶覆蓋地區：北京、河北 潛在客戶群可能上網搜索時段：重慶地區周一至周五 11：00~22：00，週末全天 成都地區周一至周五 17：00~20：00，週末 10：00~22：00
	官網網址	edu.baidu.com

6.3　實驗內容

在實驗二的基礎上，對推廣帳戶和推廣計劃做了初步的設置，構建起了基礎的推廣計劃，在經過一段時間的推廣後，根據推廣情況需要對推廣單元層級、關鍵詞層級、創意層級分別進行相應的修改。

6.4　實驗要求

1. 推廣單元層級的修改設置

（1）將「雅思口語班-重慶」單元層級出價從「3元」調整為「3.5元」。

（2）將「雅思保過班-成都」單元層級否定關鍵詞設為「美容」，精確否定關鍵詞為「雅思美容院」。

2. 關鍵詞層級設置

（1）將「雅思口語班-重慶」單元中的兩個關鍵詞設置為「暫停推廣」狀態。

（2）將「雅思口語班-重慶」單元中的另兩個關鍵詞出價調整為「5.5元」。

（3）將「雅思口語班-重慶」單元中的調整過出價的這兩個關鍵詞調整為「短語匹配」。

（4）將「雅思口語班-重慶」單元中調整過出價的這兩個關鍵詞訪問 URL 調整為「edu2.baidu.com」。

3. 創意層級設置

（1）將「雅思口語班-重慶」單元中的其中一個創意「描述1」中加入「8分以上學院送 iPad」活動文字。

（2）將「雅思口語班-重慶」單元中的另一個創意設置為「暫停推廣」。

6.5　實驗步驟

1. 推廣單元層級的修改設置

（1）將「雅思口語班-重慶」單元層級出價從「3元」調整為「3.5元」。

①在「推廣管理」的「推廣單元」界面，點擊「單元出價」欄左側的「修改」鍵，進入修改頁面，如圖 6-1 所示。

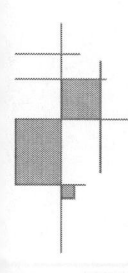

圖 6-1

②在修改界面進行修改後，點擊「確定」，即可完成修改，如圖 6-2 所示。

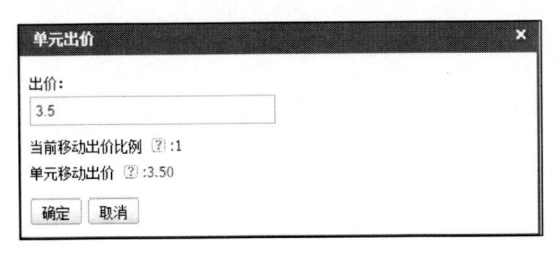

圖 6-2

③修改後效果如圖 6-3 所示。

圖 6-3

（2）將「雅思保過班-成都」單元層級否定關鍵詞設為「美容」，精確否定關鍵詞為「雅思美容院」。

①在「推廣管理」界面，選擇「雅思週末班-重慶」，在界面上方即可看到單元層級的設置，如圖 6-4 所示。

圖 6-4

②選擇「否點關鍵詞」，進入否定關鍵詞設置界面，選擇「否點關鍵詞」，進行設置後點擊「確定」，即可完成修改，如圖 6-5 所示。

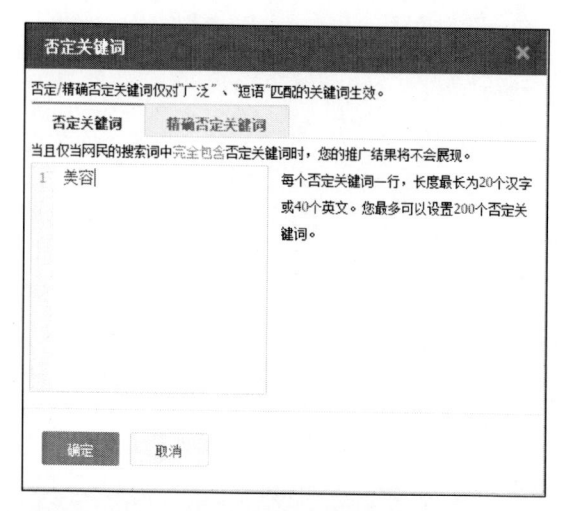

圖 6-5

③在設置「否定關鍵詞」後，選擇「精確否定關鍵詞」，進項設置，如圖 6-6 所示。

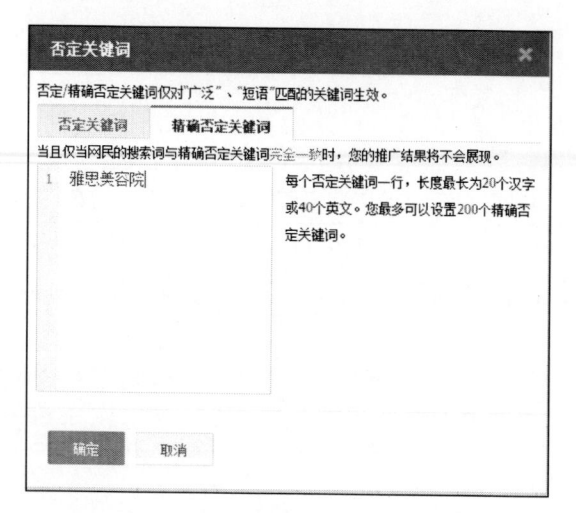

圖 6-6

④完成設置後，點擊「確定」，即可完成修改，修改後效果如圖 6-7 所示。

圖 6-7

2. 關鍵詞層級設置
(1) 將「雅思口語班-重慶」單元中的兩個關鍵詞設置為「暫停推廣」

狀態。

①在「推廣管理」界面左側的「帳戶」欄中選擇「雅思重慶推廣計劃」下的「雅思口語班-重慶」，進入關鍵詞管理界面，如圖6-8所示。

圖 6-8

②在「關鍵詞」狀態一欄，即可對關鍵詞的狀態進行調整，如圖6-9所示。

圖 6-9

③點擊暫停鍵，即可將關鍵詞狀態設置為「暫停推廣」，如圖6-10所示。

圖 6-10

（2）將「雅思口語班-重慶」單元中的另兩個關鍵詞出價調整為「5.5元」。

①關鍵詞管理界面下，在關鍵詞「出價」一欄，點擊左側的「修改」鍵，即可進入關鍵詞出價調整界面，如圖6-11所示。

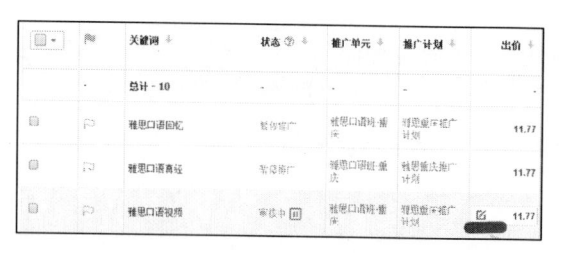

圖 6-11

②在「關鍵詞出價」對話框中，選擇「修改出價」，然後在其下側輸入「5.5」，點擊「確定」，即可完成關鍵詞出價設置，如圖 6-12 所示。

圖 6-12

③完成兩個關鍵詞的出價修改後，即可在關鍵詞界面看到修改後的效果，如圖 6-13 所示。

关键词	状态	推广单元	推广计划	出价
总计 - 20	-	-	-	-
雅思口语回忆	暂停推广	雅思口语班-重庆	雅思重庆推广计划	11.77
雅思口语真经	暂停推广	雅思口语班-重庆	雅思重庆推广计划	11.77
雅思口语视频	审核中	雅思口语班-重庆	雅思重庆推广计划	5.50
雅思培训班	审核中	雅思口语班-重庆	雅思重庆推广计划	5.50

圖 6-13

（3）將「雅思口語班-重慶」單元中的調整過出價的這兩個關鍵詞調整為「短語匹配」。

①在推廣管理的關鍵詞界面找到修改出價的關鍵詞，在關鍵詞的「匹配模式」欄點擊「修改」，如圖 6-14 所示。

圖 6-14

②在進入匹配模式對話框後，選擇「短語」，即可將關鍵詞的匹配模行修改為「短語匹配」，如圖 6-15 所示。

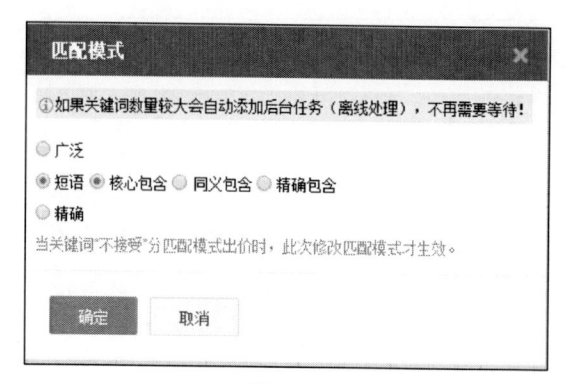

圖 6-15

③完成兩個關鍵詞的匹配模式修改後，即可在關鍵詞界面看到修改後的效果，如圖 6-16 所示。

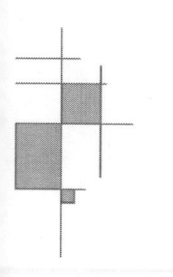

圖 6-16

（4）將「雅思口語班-重慶」單元中調整過出價的這兩個關鍵詞訪問 URL 調整為「edu2.baidu.com」。

①在「雅思口語班-重慶」的關鍵詞界面，勾選調整過出價的兩個關鍵詞，如圖 6-17 所示。

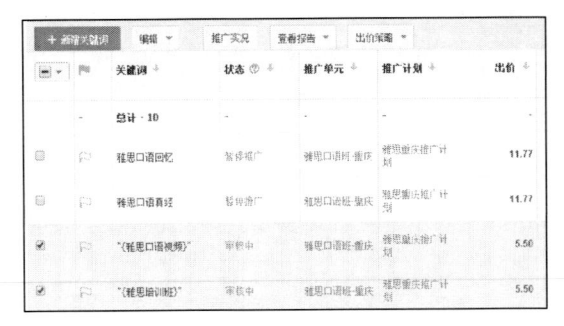

圖 6-17

②在勾選關鍵詞後，點擊上方的「編輯」，並選擇「修改訪問 URL」，如圖 6-18 所示。

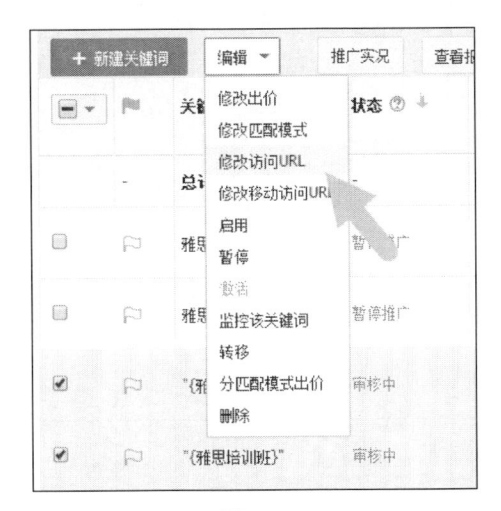

圖 6-18

③選擇「修改訪問 URL」後，即可進入「訪問 URL」修改界面，在修改界面的「URL」欄中輸入需要調整的網址，點擊「確定」，即可完成設置，如圖 6-19 所示。

圖 6-19

3. 創意層級設置

（1）將「雅思口語班-重慶」單元中的其中一個創意「描述1」中加入「8分以上學院送蘋果平板電腦」活動文字。

①在推廣管理界面，選擇「雅思口語班-重慶」，點擊右側的創意，進入創意管理界面，如圖6-20所示。

圖6-20

②選擇一個創意，點擊「創意」欄中的修改，進入「編輯創意」界面，如圖6-21所示。

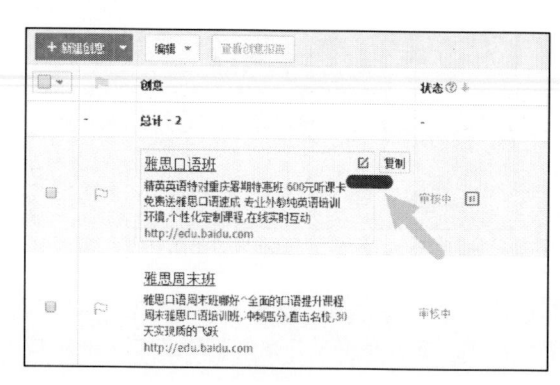

圖6-21

③在「編輯創意」界面中的「描述1」中，加入相關內容，點擊「確定」，即可完成修改，如圖6-22所示。

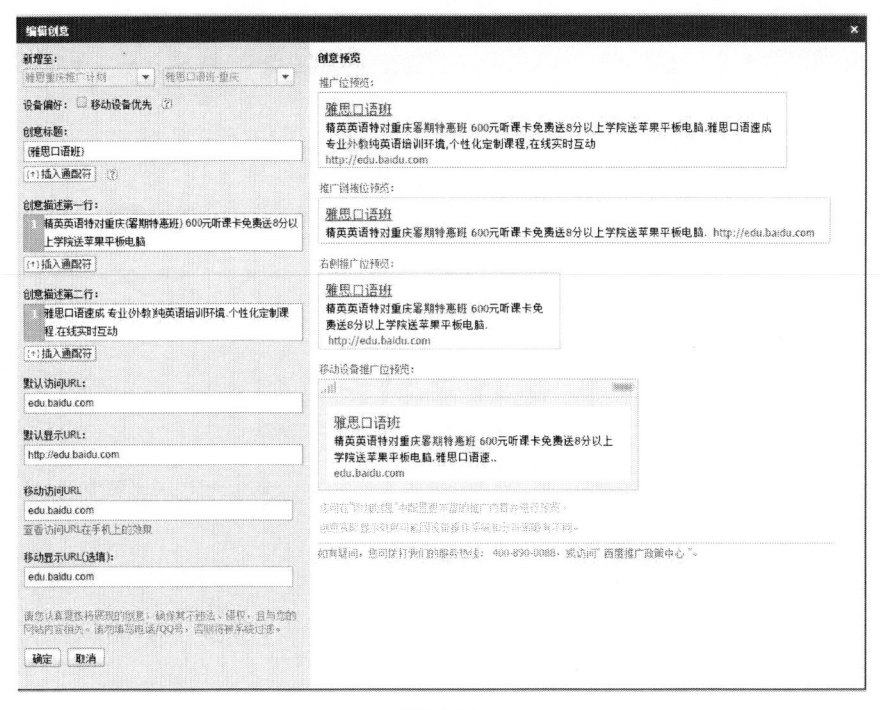

圖 6-22

（2）將「雅思口語班-重慶」單元中的另一個創意設置為「暫停推廣」。

①在推廣管理界面，選擇「雅思口語班-重慶」，點擊另一個創意右側的創意狀態欄中的「暫停推廣」，即可使得創意暫停推廣，如圖 6-23 所示。

圖 6-23

②完成設置後，即可在創意界面看到設置後的效果。如圖 6-24 所示。

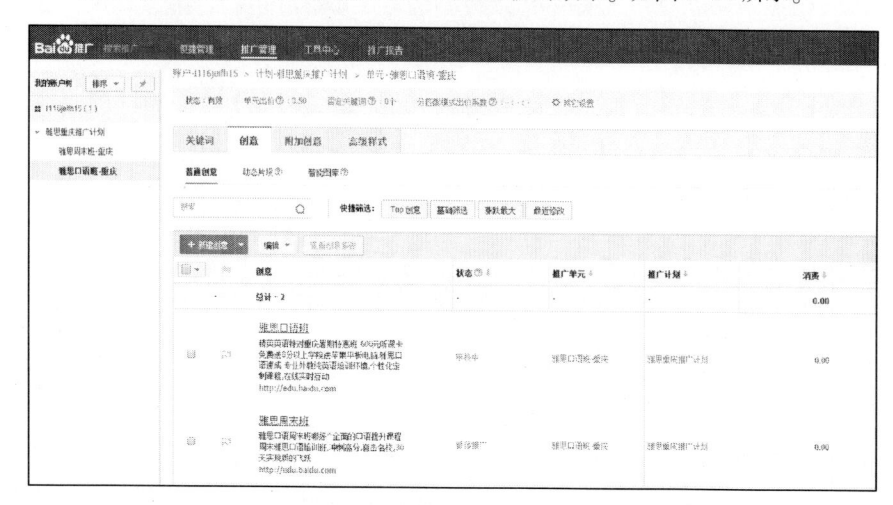

圖 6-24

6.6 實驗任務

1. 推廣單元層級的修改設置

①將「雅思保過班-成都」單元層級出價從「3 元」調整為「3.5 元」。

②將「雅思保過班-成都」單元層級否定關鍵詞設為「旅遊」，精確否定關鍵詞為「雅思夏令營」。

2. 關鍵詞層級設置

①將「雅思保過班-成都」單元中的兩個關鍵詞設置為「暫停推廣」狀態。

②將「雅思保過班-成都」單元中的另兩個關鍵詞出價調整為「5.5 元」。

③將「雅思保過班-成都」單元中的調整過出價的這兩個關鍵詞調整為「廣泛匹配」。

④將「雅思保過班-成都」單元中調整過出價的這兩個關鍵詞訪問 URL 調整為「edu3.baidu.com」。

3. 創意層級設置

①將「雅思速成班-成都」單元中的其中一個創意「描述 2」中加入「8 分以上學院送九寨溝三日遊」活動文字。

②將「雅思保過班-成都」單元中的另一個創意設置為「暫停推廣」。

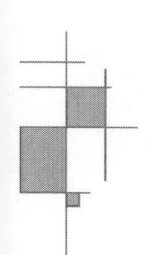

案例篇

7 案例一：手機在北京和天津的推廣

7.1 客戶基本信息

1. 公司名稱：FY 手機
2. 受眾目標
主要潛在客戶：商務人士、青年大眾
潛在客戶覆蓋地區：北京、天津
潛在客戶可能上網搜索時段：全天
3. 公司推廣預算：每天 4,000 元
4. 官方網址：fyshouji.baidu.com.

7.2 搜索推廣操作

任務概述：FY 手機剛剛開通了百度搜索推廣帳戶，目前帳戶還沒有建立推廣方案，請根據客戶基本信息，建立帳戶結構（新建計劃、單元）、提交關鍵詞和創意。

7.2.1 建立帳戶結構

1. 新建計劃一：「北京推廣計劃」
（1）新建推廣計劃：輸入推廣計劃名稱「北京推廣計劃」→選擇創意展現方式「優選」→設置推廣地域「北京」。
①打開試驗系統進入「推廣管理」，如圖 7-1 所示。

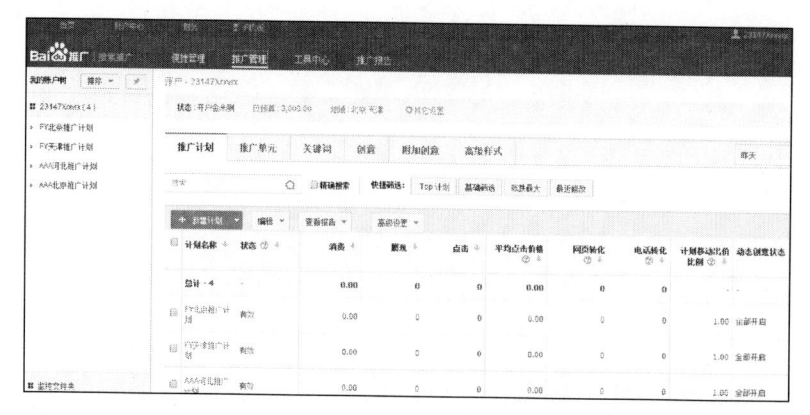

圖 7-1

②點擊「新建計劃」進入如下界面，並輸入新計劃相關信息，如圖 7-2、圖 7-3 所示。

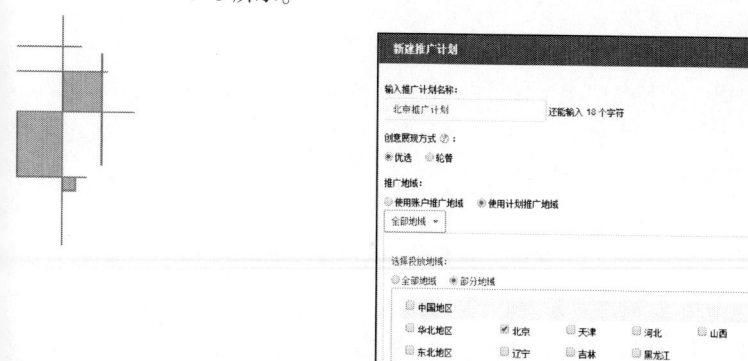

圖 7-2

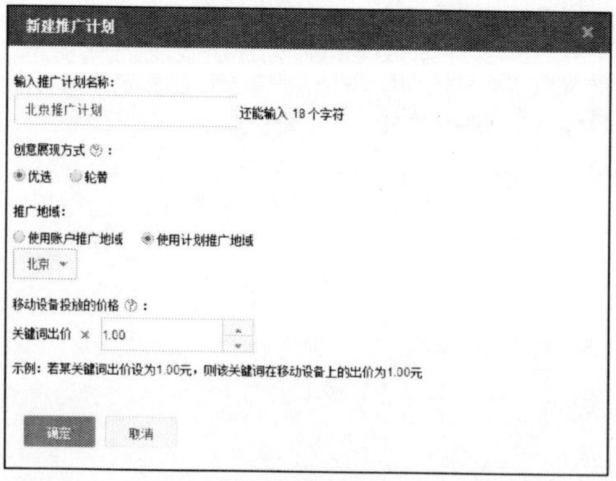

圖 7-3

③設置完相關信息，點擊「確定」，即可在主界面查看到新建的計劃項目，如圖 7-4 所示。

圖 7-4

（2）新建推廣單元：選擇目標計劃名「北京推廣計劃」→輸入單元名稱「時尚手機」→設置單元出價「2 元」。

①點擊「北京推廣計劃」進入如圖 7-5 所示的設置頁面。

圖 7-5

②點擊「新建單元」，進入如圖 7-6 所示的「新建單元」設置界面，並進行「時尚手機」單元的相關設置。

圖 7-6

③完成設置後，點擊「確定」，即可完成推廣單元的新建工作，顯示結果如圖 7-7 所示。

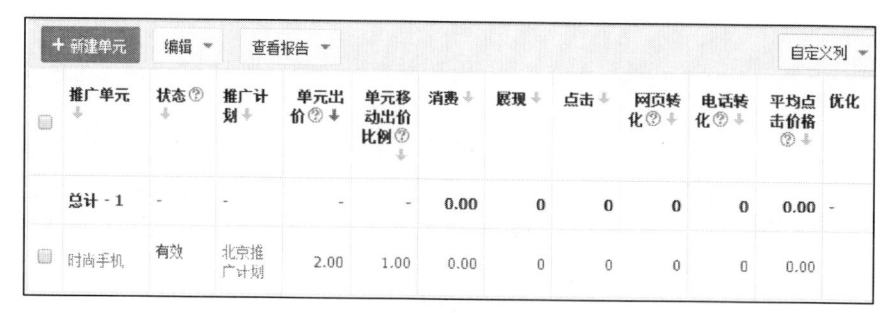

圖 7-7

（3）新建推廣單元：選擇目標計劃名「北京推廣計劃」→輸入單元名稱「商務手機」→設置單元出價「3元」。

①點擊「新建單元」，進入圖 7-8 所示的「新建單元」設置界面，並進行「商務手機」單元的相關設置。

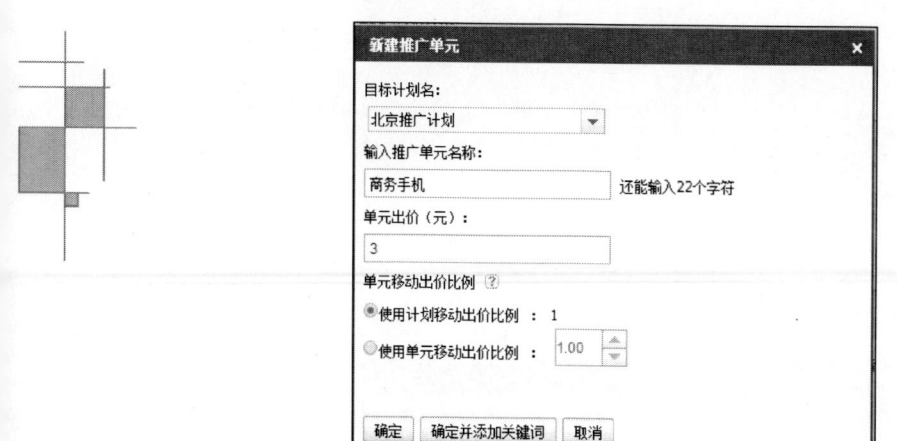

圖 7-8

②完成設置後，點擊「確定」，即可完成推廣單元的新建工作，顯示結果如圖 7-9 所示。

推廣單元	狀態	推廣計劃	單元出價	單元移動出價比例	消費	展現	點擊	網頁轉化	電話轉化	平均點擊價格	優化
總計 - 6	-	-	-	-	0.00	0	0	0	-	0.00	-
時尚手機	有效	北京推廣計劃	2.00	1.00	0.00	0	0	0	0	0.00	
雅思速成班-河北	暫停推廣	AAA:河北推廣計劃	2.00	1.00	0.00	0	0	0	0	0.00	
雅思口語班-北京	有效	AAA:北京推廣計劃	3.50	1.00	0.00	0	0	0	0	0.00	
商務手機	有效	北京推廣計劃	3.00	1.00	0.00	0	0	0	0	0.00	

圖 7-9

7.2.2 添加關鍵詞

1. 在「時尚手機」單元中添加 10 個與「時尚手機」相關的關鍵詞，全部設置為廣泛匹配。

（1）點擊「時尚手機」進入圖 7-10 所示的設置頁面。

圖 7-10

（2）點擊「新建關鍵詞」，進入圖 7-11 所示的「關鍵詞規劃師」界面，輸入「時尚手機」點擊「搜索」，如圖 7-12 所示。

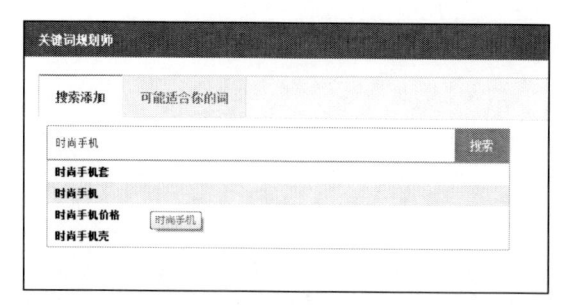

圖 7-11

圖 7-12

（3）勾選關鍵詞，「最時尚的手機」勾選完畢之後，點擊圖 7-13 中的「添加」按鈕，即可將關鍵詞添加進「已選關鍵詞」一欄。

圖 7-13

（4）點擊圖 7-14 中的「快速保存」即可完成關鍵詞添加。關鍵詞保存成功後，可選擇繼續選詞或去推廣管理頁面，如圖 7-15 所示。

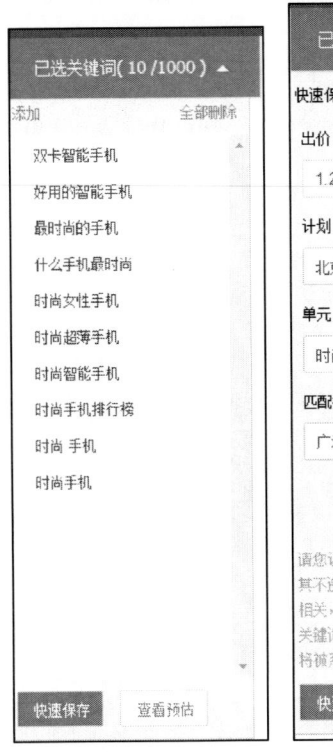

圖 7-14

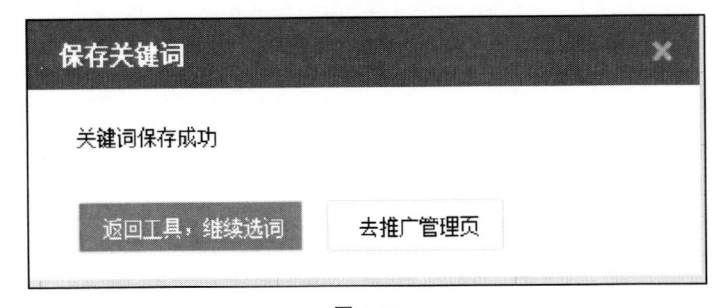

圖 7-15

（5）添加完成之後主界面的顯示效果如圖 7-16 所示。

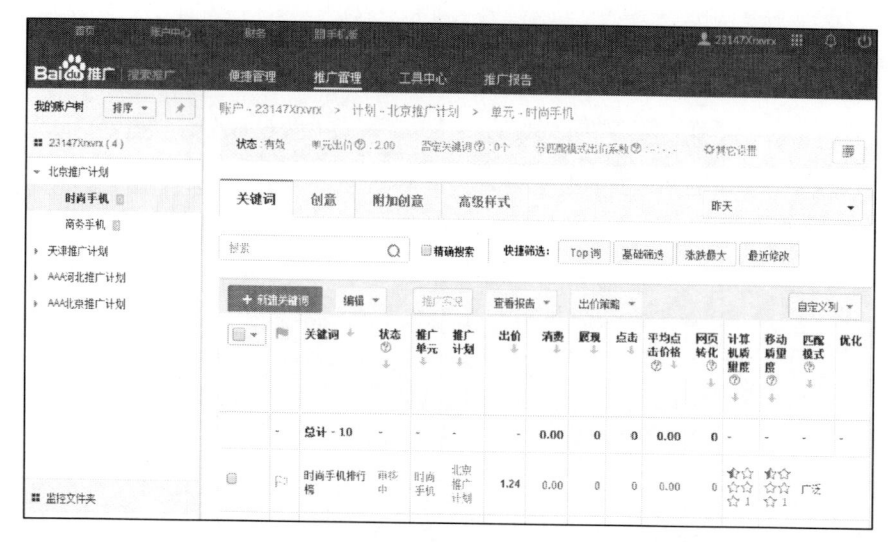

圖 7-16

2. 在「商務手機」單元中添加 10 個「商務手機」相關的關鍵詞，全部設置為短語匹配。

（1）點擊「商務手機」進入圖 7-17 所示的設置頁面。

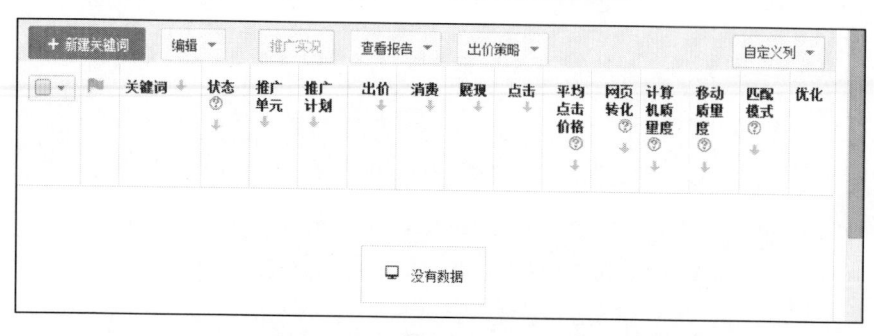

圖 7-17

（2）點擊「新建關鍵詞」，進入圖 7-18 所示的「關鍵詞規劃師」界面，再輸入「商務手機」並點擊「搜索」，如圖 7-19 所示。

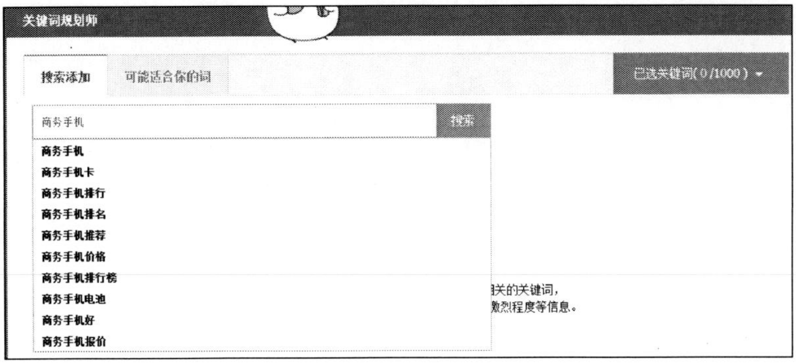

圖 7-18

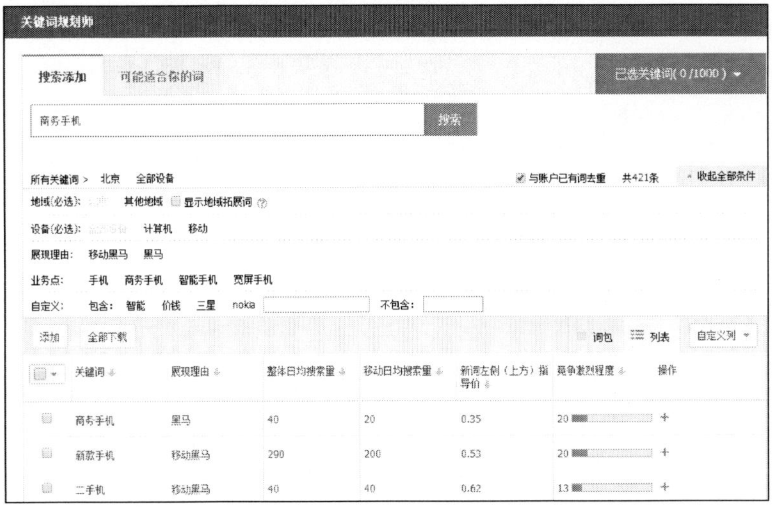

圖 7-19

（3）勾選關鍵詞，勾選完畢之後，點擊圖 7-20 中的「添加」按鈕，即可將關鍵詞添加進「已選關鍵詞」一欄。

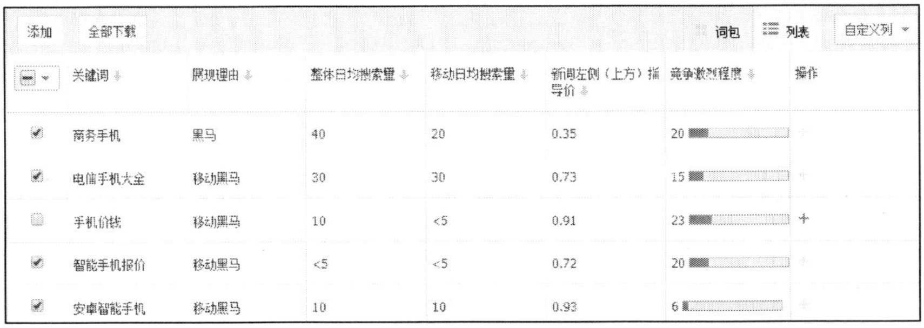

圖 7-20

7 案例一：手機在北京和天津的推廣

099

（4）點擊圖 7-21 中的「快速保存」，彈出對話框，在彈出的對話框中匹配模式選擇「短語-核心包含」即可完成關鍵詞保存，如圖 7-22 所示。

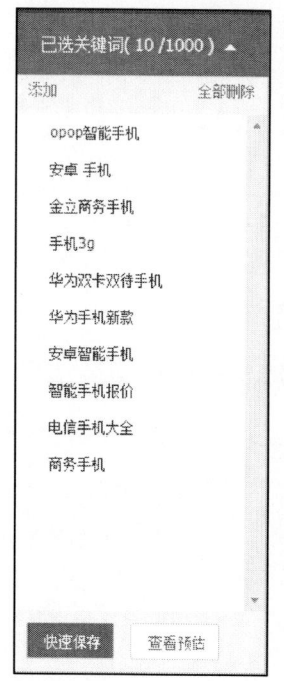

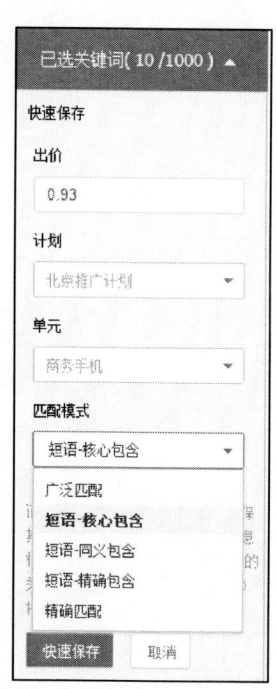

圖 7-21

圖 7-22

（5）添加完成之後主界面的顯示效果如圖 7-23 所示。

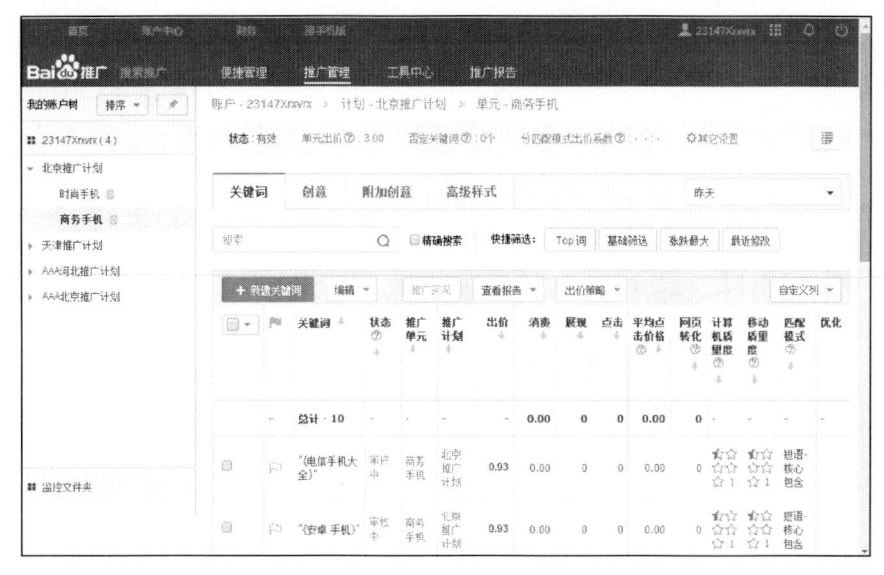

圖 7-23

7.2.3 新增創意

1. 在「時尚手機」單元中新增兩條以上與「時尚手機」相關的創意。

（1）點擊「時尚手機」進入時尚手機單元界面，如圖 7-24 所示。

圖 7-24

（2）點擊上圖中的「新建創意」進入創意編輯界面，完成創意編輯，如圖 7-25、圖 7-26 所示。

101

圖 7-25

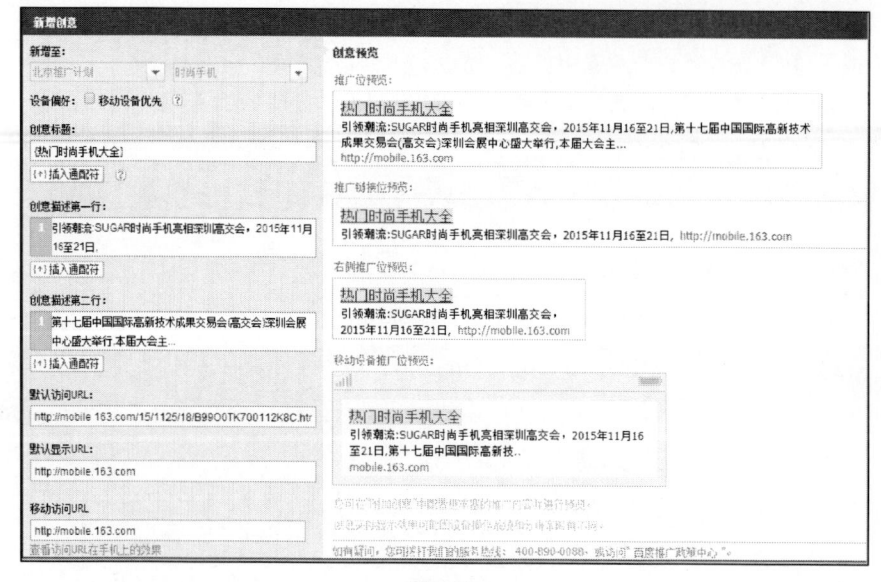

圖 7-26

（3）點擊「確定」即可查看新增創意，如圖 7-27 所示。

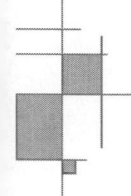

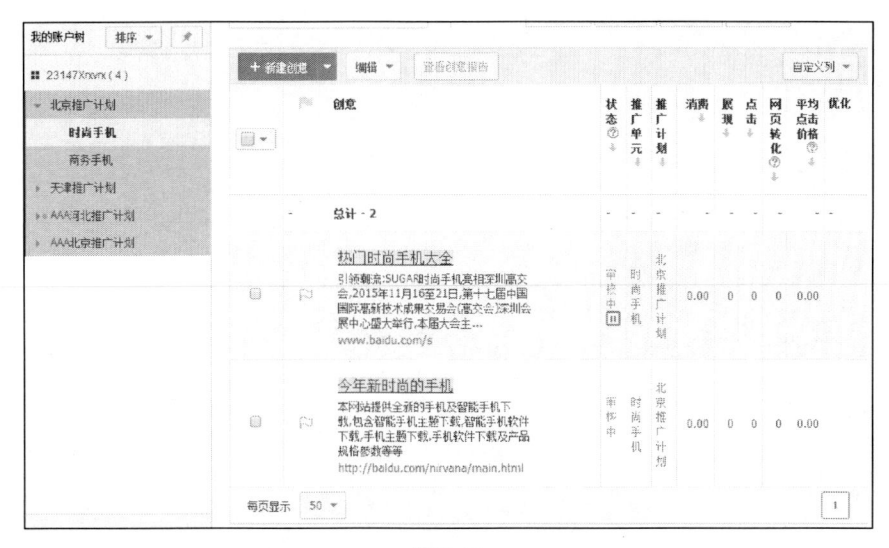

圖 7-27

2. 在「商務手機」單元中新增兩條以上與「商務手機」相關的創意。

（1）點擊「商務手機」，進入商務手機單元界面，如圖 7-28 所示。

圖 7-28

（2）點擊圖 7-28 中的「新建創意」，進入創意編輯界面，完成創意編輯，如圖 7-29、圖 7-30 所示。

圖 7-29

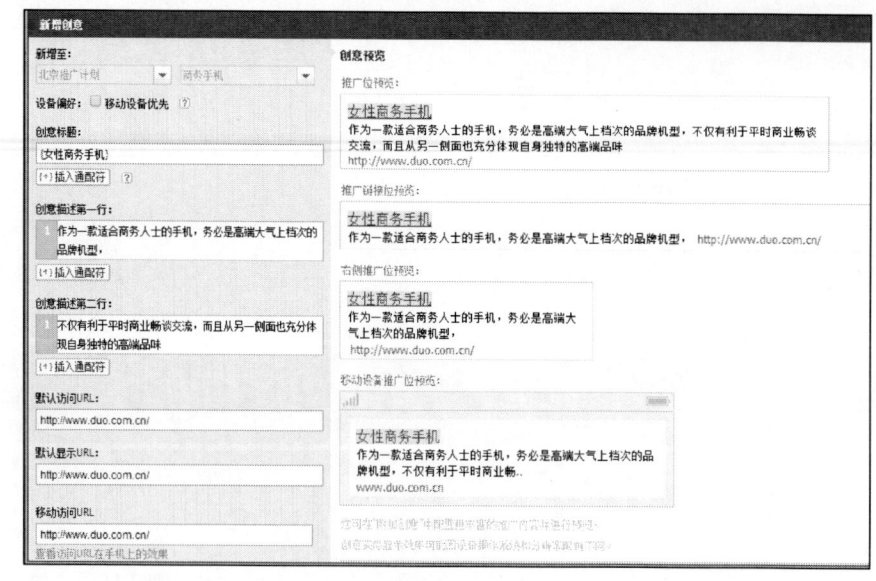

圖 7-30

（3）點擊「確定」即可查看新增創意，如圖 7-31 所示。

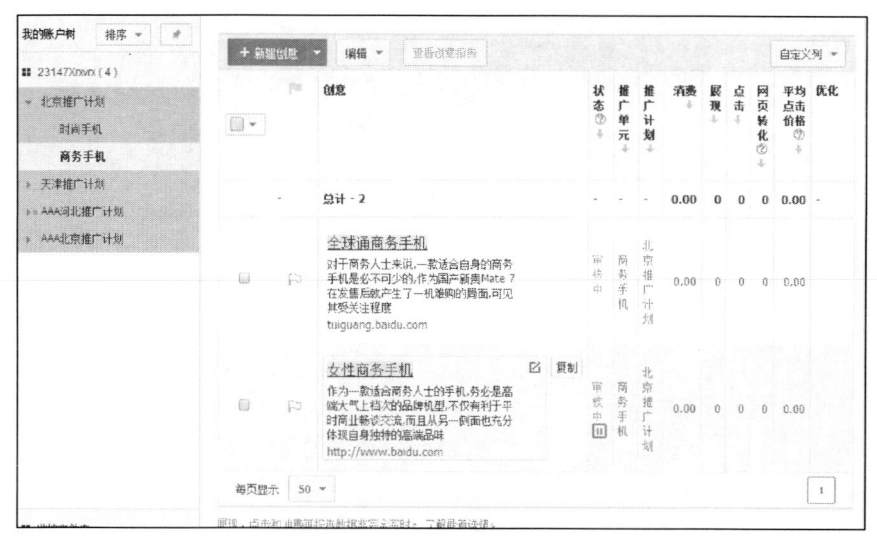

圖 7-31

7.3 各層級設置

任務概述：「FY 手機」已經搭建起了推廣方案的帳戶結構，並提交了關鍵詞、撰寫了創意。為了完成整個方案製作，還要根據企業的推廣需要對帳戶的各層級進行設置。

7.3.1 帳戶層級設置

1. 設置帳戶層級日預算為「3,000 元」
（1）設置前，如圖 7-32 所示。

圖 7-32

（2）點擊圖 7-32 中「日預算」右側的「修改」按鈕進行日預算修改，如圖 7-33 所示。

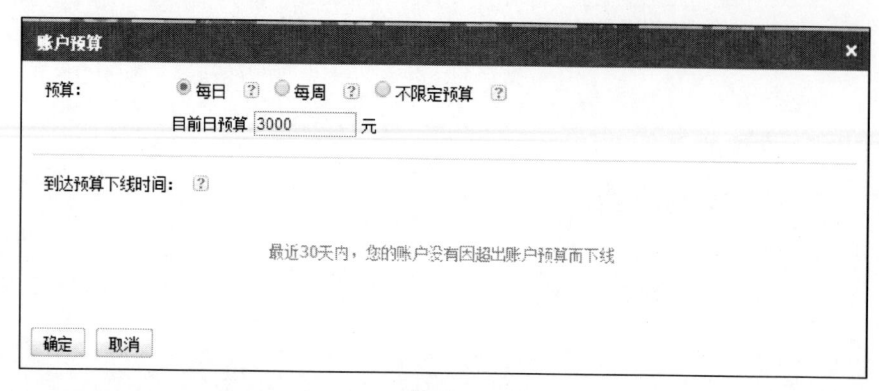

圖 7-33

2. 設置帳戶層級推廣地域為「北京」和「天津」
（1）推廣地域修改並保存，如圖 7-34、圖 7-35 所示。

圖 7-34

圖 7-35

（2）修改保存完成，如圖 7-36 所示。

圖 7-36

7.3.2 推廣計劃層級設置

1.「北京推廣計劃」層級設置，圖7-37為設置前的顯示界面。

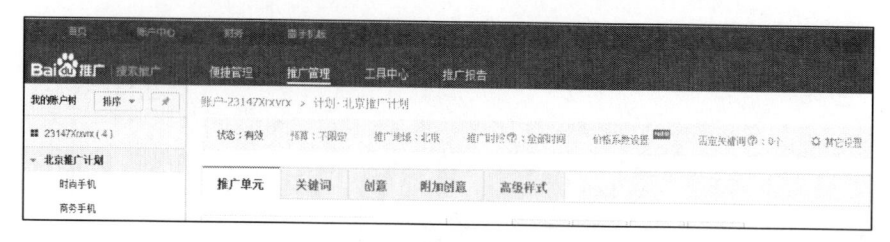

圖7-37

①如圖7-38所示，設置日預算：設置「北京推廣計劃」日預算為「1,500元」。

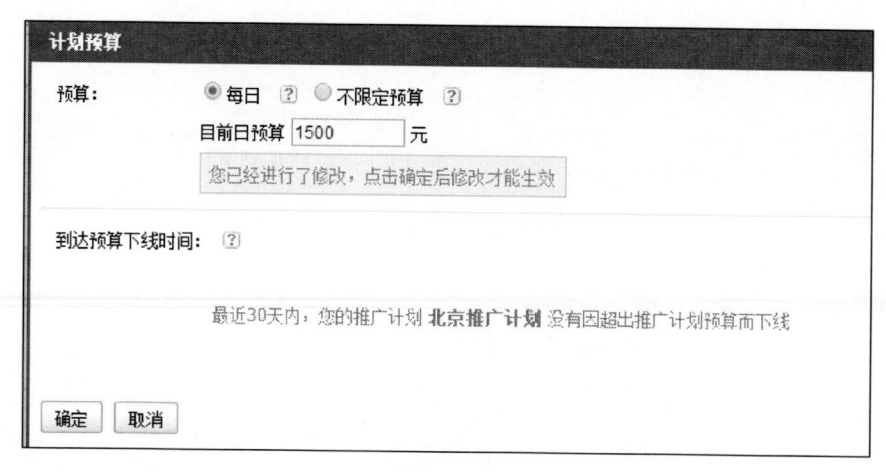

圖7-38

②如圖7-39所示，設置推廣地域：設置「北京推廣計劃」推廣地域為「北京」。

圖7-39

③如圖 7-40 所示，設置推廣時段：設置「北京推廣計劃」推廣時段為「全天」。

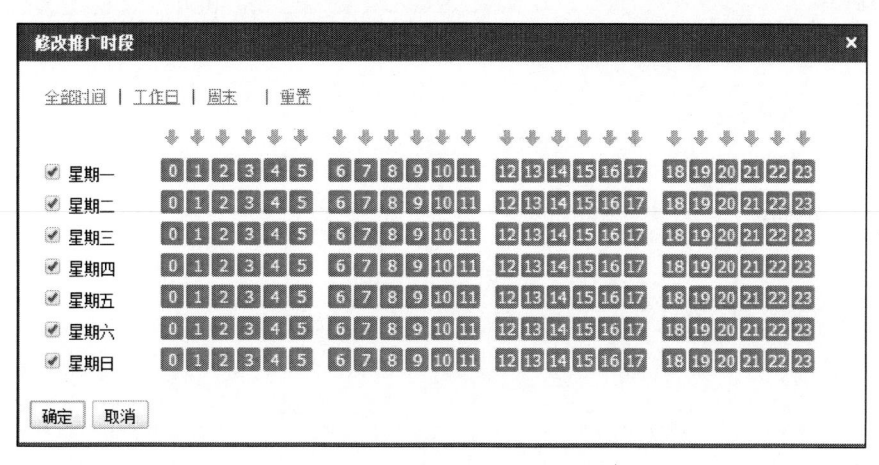

圖 7-40

④如圖 7-41 所示，設置否定關鍵詞：設置「北京推廣計劃」否定關鍵詞為「服飾」。

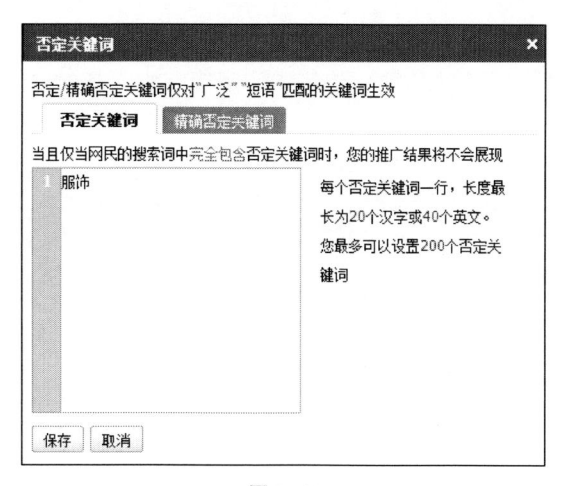

圖 7-41

⑤如圖 7-42 所示的其他設置：將「北京推廣計劃」推廣計劃名稱修改為「FY 北京推廣計劃」，將創意展現方式設置為「優選」。

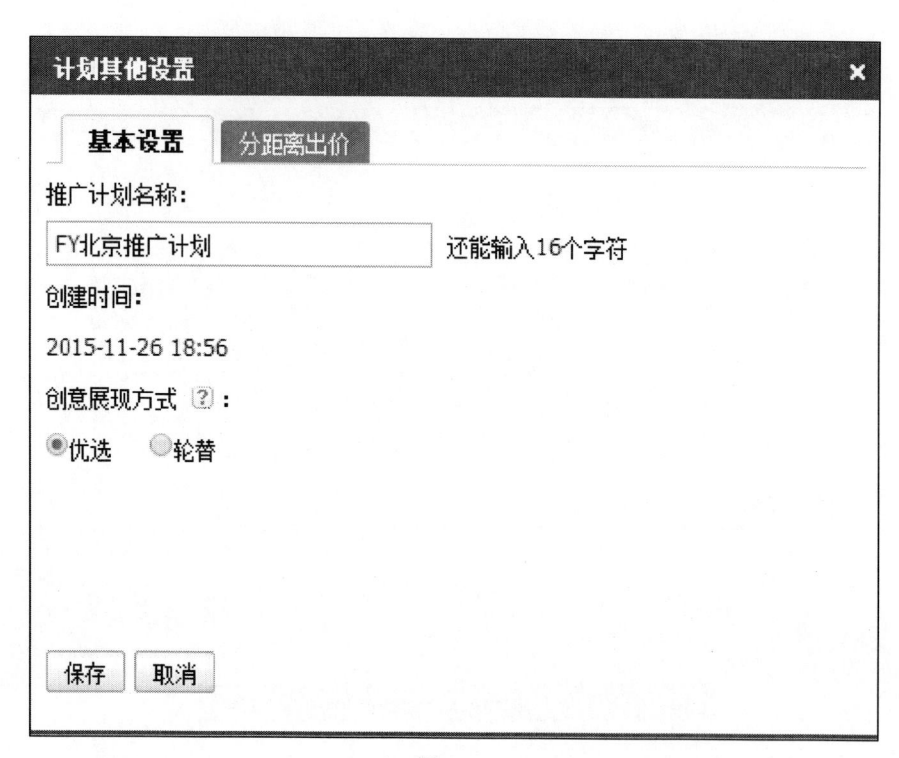

圖 7-42

⑥如圖 7-43 的計劃狀態調整：設置為「有效」。

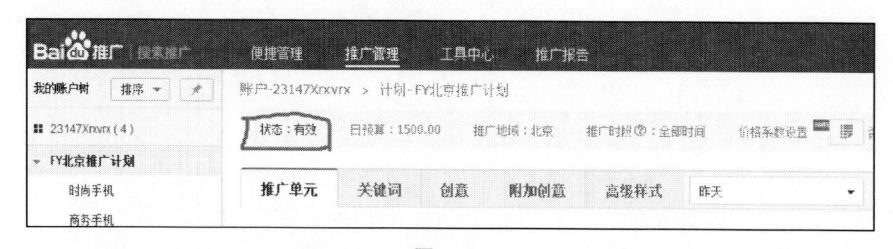

圖 7-43

7.3.3　推廣單元層級設置

1. 修改推廣單元名稱

（1）將「FY 北京推廣計劃」內的「商務手機」單元名稱修改為「商務手機 - 北京」。如圖 7-44、圖 7-45 所示。

圖 7-44

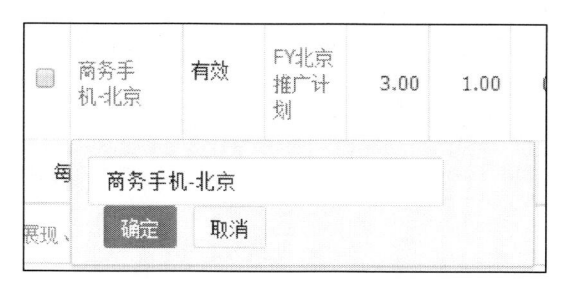

圖 7-45

（2）將「FY北京推廣計劃」內的「時尚手機」單元名稱修改為「時尚手機-北京」。如圖 7-46、圖 7-47 所示。

圖 7-46

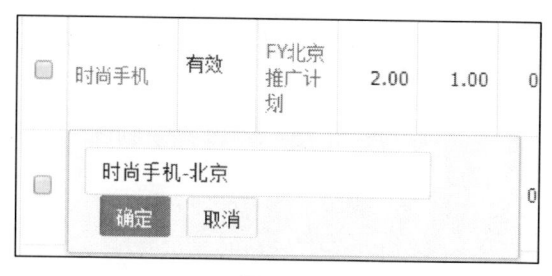

圖 7-47

（3）圖 7-48 為修改完成後顯示效果。

圖 7-48

2. 設置單元出價：「商務手機-北京」單元層級出價從「3 元」調整為「3.5 元」。

（1）調整前，如圖 7-49 所示。

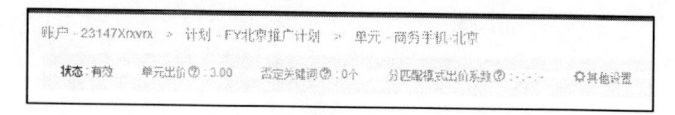

圖 7-49

（2）出價調整，如圖 7-50 所示。

圖 7-50

（3）調整後，如圖 7-51 所示。

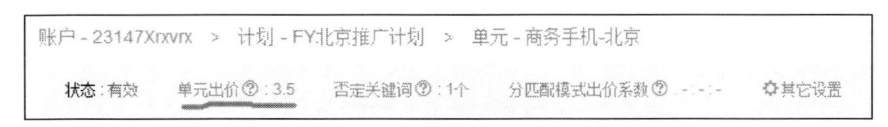

圖 7-51

3. 設置否定關鍵詞：「商務手機-北京」單元層級關鍵詞為「服飾」，精確否定關鍵詞「商務服飾」，如圖 7-52、圖 7-53 所示。

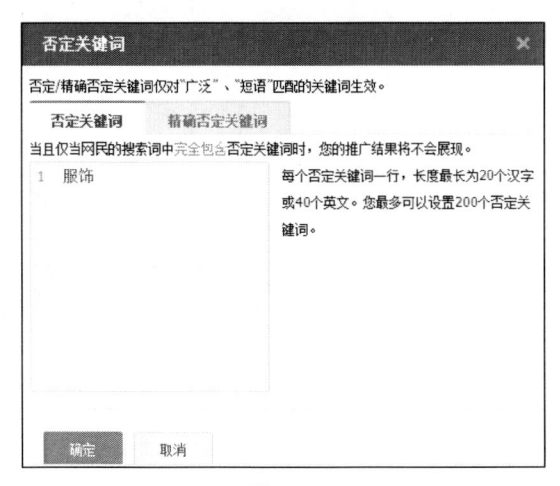

圖 7-52

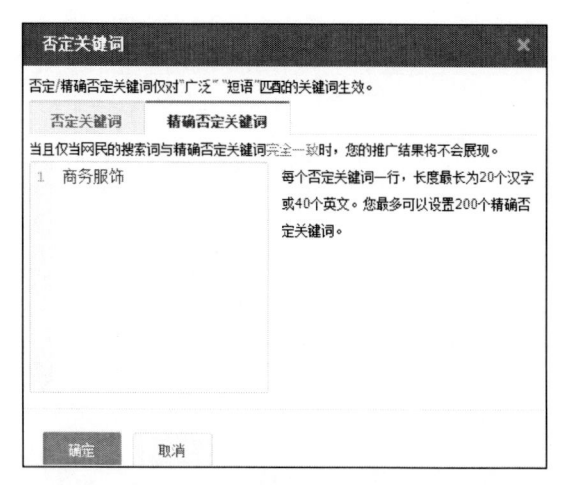

圖 7-53

4. 單元狀態調整：將所有單元格均設置為「有效」，如圖 7-54 所示。

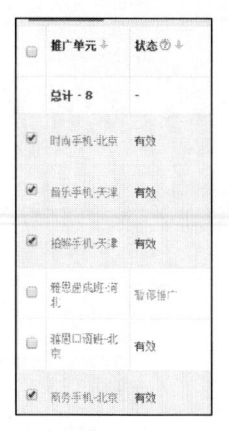

圖 7-54

7.3.4 關鍵詞層級設置

1. 關鍵詞狀態調整（有效/暫停推廣）：將「商務手機-北京」單元中的兩個關鍵詞設置為「暫停推廣」狀態。

（1）圖 7-55 為狀態調整前的界面。

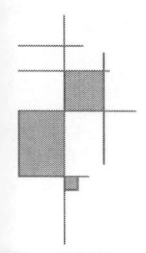

圖 7-55

（2）圖 7-56 為狀態調整後的界面。

圖 7-56

2. 關鍵詞出價設置：將「商務手機-北京」單元中另兩個關鍵詞出價調整為「5.5 元」

（1）調整前，如圖 7-57 所示。

圖 7-57

（2）調整關鍵詞出價，如圖 7-58、圖 7-59 所示。

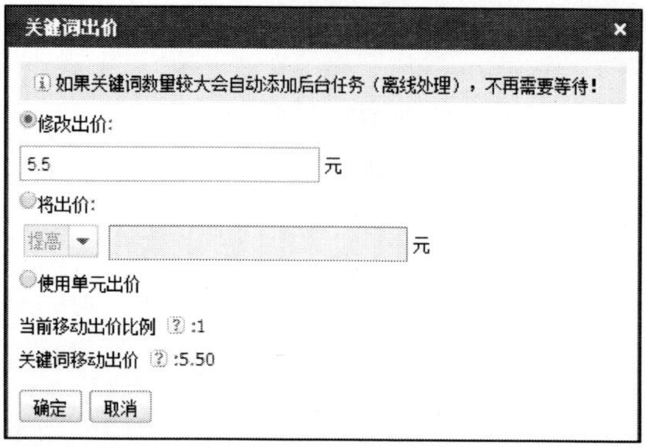

圖 7-58

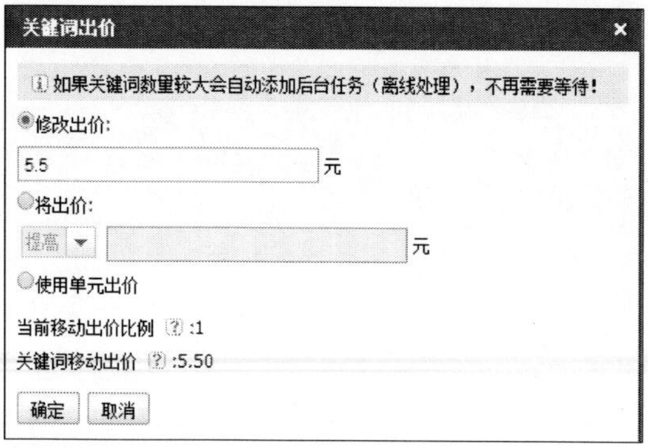

圖 7-59

（3）調整後，如圖 7-60 所示。

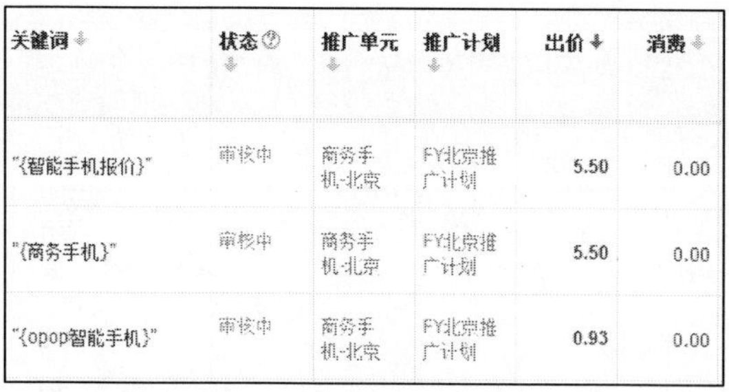

关键词	状态	推广单元	推广计划	出价	消费
"{智能手机报价}"	审核中	商务手机-北京	FY北京推广计划	5.50	0.00
"{商务手机}"	审核中	商务手机-北京	FY北京推广计划	5.50	0.00
"{opop智能手机}"	审核中	商务手机-北京	FY北京推广计划	0.93	0.00

圖 7-60

3. 關鍵詞匹配模式設置：將「商務手機-北京」單元中調整過出價的兩個關鍵詞調整為「短語匹配」。

（1）調整前，如圖 7-61 所示。

圖 7-61

（2）匹配模式調整，如圖 7-62 所示。

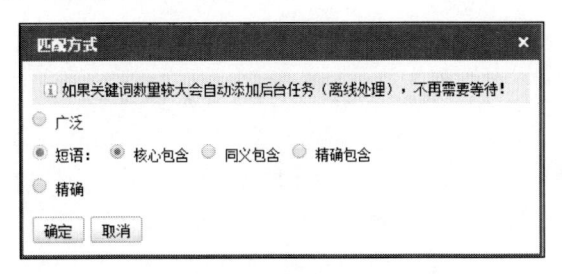

圖 7-62

（3）調整後，如圖 7-63 所示。

圖 7-63

4. 關鍵詞訪問 URL 設置：將「商務手機-北京」單元中調整過出價的兩個關鍵詞訪問 URL 調整為「fyshouji2. baidu. com」。

（1）首先選取所要修改的關鍵詞，其次再點開如圖 7-64 所示的下拉框，選擇「修改訪問 URL」。

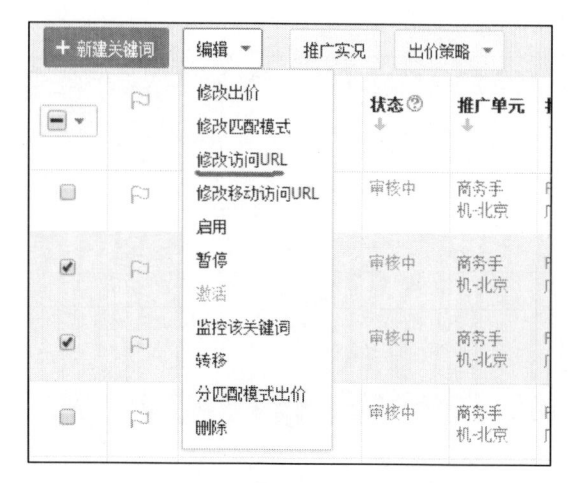

圖 7-64

（2）點擊圖 7-64 中的「修改訪問 URL」，進入如圖 7-65 所示下彈窗口，將新的 URL 地址填入表單中，點擊「確定」即可。

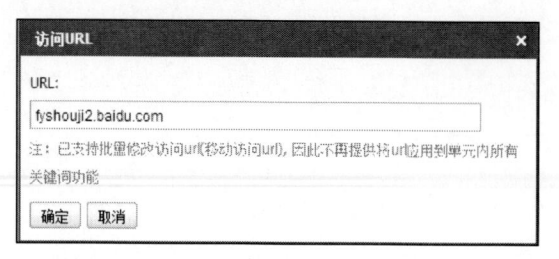

圖 7-65

7.3.5 創意層級設置

1. 修改創意：將「商務手機-北京」單元中的其中一個創意「描述 1」中加入「可完美備份客戶信息」

方式一：

（1）直接點擊圖 7-66 中標記出的「修改符號」進入創意修改編輯界面。

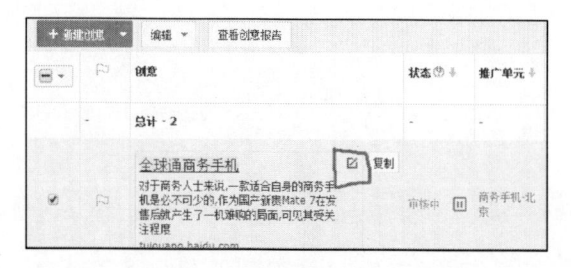

圖 7-66

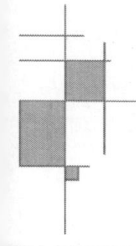

（2）添加「可完美備份客戶信息」至創意描述第一行，點擊「確定」即可。如圖 7-67、圖 7-68 所示。

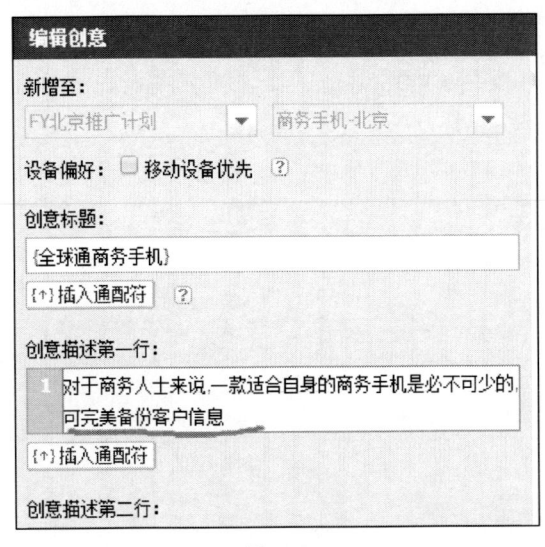

圖 7-67

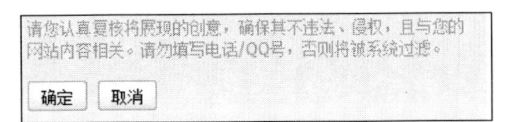

圖 7-68

方式二：

（1）首先選取所要修改的創意，其次再點開如圖 7-69 所示的下拉框，選擇「修改創意文字」。

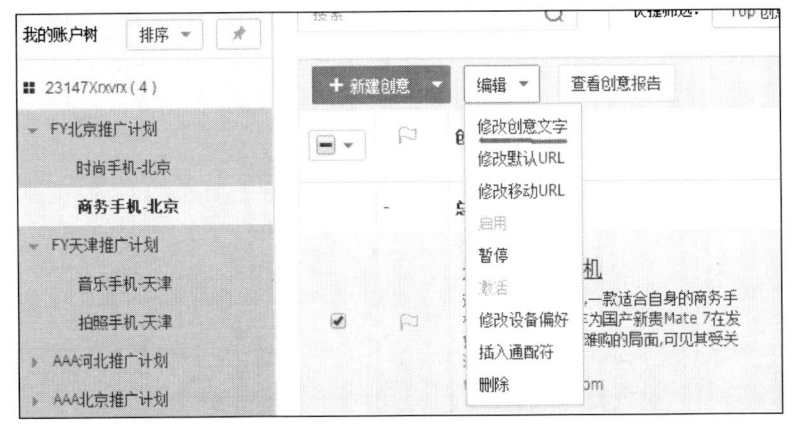

圖 7-69

（2）點擊圖 7-69 中的「修改創意文字」進入如圖 7-70 所示的創意文字編輯頁面，再進行相應設置，最後點擊「確定」即可。

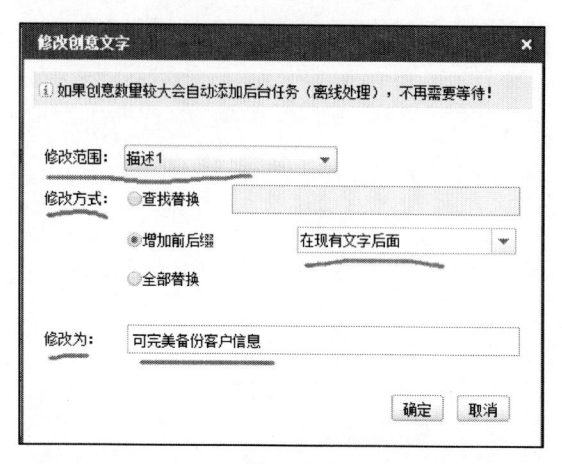

圖 7-70

（3）添加之後的效果如圖 7-71 所示。

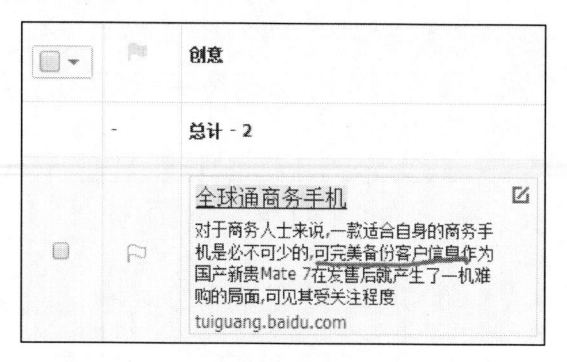

圖 7-71

2. 創意狀態調整（有效/暫停推廣）：將「商務手機-北京」單元中的另一個創意設置為「暫停推廣」。

（1）調整前，如圖 7-72 所示。

圖 7-72

（2）調整後（點擊圖 7-72「審核中」旁邊的「進行時」按鈕即可實現「暫停推廣」和「恢復推廣」狀態的調整），如圖 7-73 所示。

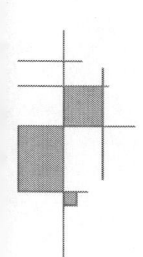

圖 7-73

7.4 實驗任務

1. 新建計劃二：「天津推廣計劃」

（1）新建推廣計劃：輸入推廣計劃名稱「天津推廣計劃」，選擇創意展現方式「優選」，設置推廣地域「天津」。

（2）新建推廣單元：選擇目標計劃名「天津推廣計劃」，輸入單元名稱「拍照手機」，設置單元出價「2元」。

（3）新建推廣單元：選擇目標計劃名「天津推廣計劃」，輸入單元名稱「音樂手機」，設置單元出價「3元」。

2. 添加關鍵詞

（1）在「拍照手機」單元中添加 10 個「時尚手機」相關的關鍵詞，全部設置為廣泛匹配。

（2）在「音樂手機」單元中添加 10 個「商務手機」相關的關鍵詞，全部設置為短語匹配。

3. 新增創意

（1）在「拍照手機」單元中新增兩條以上與「拍照手機」相關的創意。

（2）在「音樂手機」單元中新增兩條以上與「音樂手機」相關的創意。

4. 帳戶層級設置

（1）將帳戶層級的日預算改為「4,000 元」。

（2）在帳戶層級的推廣地域中增加「保定」。

5. 推廣計劃層級設置

（1）設置日預算：設置「天津推廣計劃」日預算為「1,500 元」。

（2）設置推廣地域：設置「天津推廣計劃」推廣計劃為「天津」。

（3）設置推廣時段：設置「天津推廣計劃」推廣時段為「全天」。

（4）設置否定關鍵詞：設置「天津推廣計劃」否定關鍵詞為「家電」。

（5）其他設置：將「天津推廣計劃」的名稱修改為「FY 天津推廣計劃」，將創意展現方式設置為「優選」。

（6）計劃狀態調整：設置為「有效」。

6. 推廣單元層級設置

（1）將「FY 天津推廣計劃」內的「拍照手機」單元名稱修改為「拍照手機 -天津」。

（2）將「FY 天津推廣計劃」內的「音樂手機」單元名稱修改為「音樂手機

-天津」。

（3）將「拍照手機-天津」單元層級出價調整為「4.5元」。

（4）「音樂手機-天津」單元層級關鍵詞為「音樂」，精確否定關鍵詞「音樂播放器」。

7. 關鍵詞層級設置

（1）關鍵詞出價設置：將「拍照手機-天津」單元中另兩個關鍵詞出價調整為「5.5元」。

（2）關鍵詞匹配模式設置：將「拍照手機-天津」單元中調整過出價的兩個關鍵詞調整為「短語匹配」。

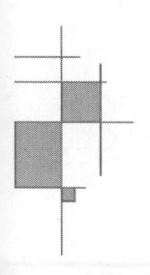

8　案例二：電冰箱在重慶和成都的推廣

8.1　客戶基本信息

1. 公司名稱：洞洞拐電冰箱
2. 受眾目標
主要潛在客戶：一般家庭
潛在客戶覆蓋地區：重慶、成都
潛在客戶可能上網搜索時段：白天
3. 公司推廣預算：每天 4,000 元
4. 官方網址：DDG.baidu.com

8.2　搜索推廣操作

8.2.1　建立帳戶結構

1. 新建計劃一：「重慶推廣計劃」
（1）新建推廣計劃：輸入推廣計劃名稱「重慶推廣計劃」，選擇創意展現方式「優選」，設置推廣地域「重慶」。
①打開試驗系統進入「推廣管理」，如圖 8-1 所示。

圖 8-1

②點擊「新建計劃」進入圖 8-2 所示的界面，並輸入圖 8-3 所示的新計劃的相關信息。

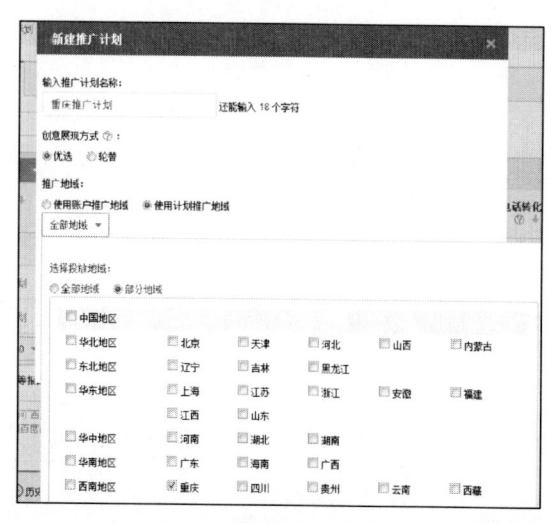

圖 8-2

圖 8-3

③設置完相關信息，點擊「確定」，即可在主界面查看到新建的計劃項目，如圖 8-4 所示。

圖 8-4

（2）新建推廣單元：選擇目標計劃名「重慶推廣計劃」，輸入單元名稱「洞洞妖電冰箱」，設置單元出價「2元」。

①點擊「重慶推廣計劃」進入如圖8-5設置頁面。

圖8-5

②點擊「新建單元」，進入如圖8-6「新建推廣單元」設置界面，並進行「洞洞妖電冰箱」單元的相關設置。

圖8-6

③完成設置後，點擊「確定」，即可完成推廣單元的新建工作，如圖8-7所示。

圖8-7

（3）新建推廣單元：選擇目標計劃名「重慶推廣計劃」，輸入單元名稱「洞洞涼電冰箱」，設置單元出價「3元」。

①點擊「新建單元」，進入如圖8-8所示的「新建推廣單元」設置界面，並進行「洞洞涼電冰箱」單元的相關設置。

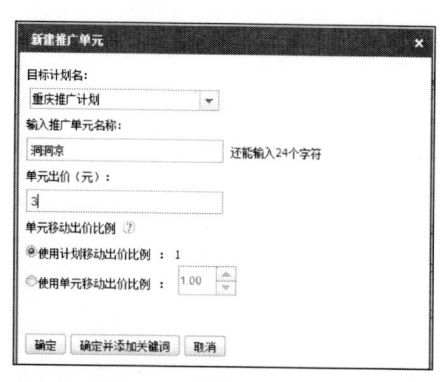

圖8-8

②完成設置後，點擊「確定」，即可完成推廣單元的新建工作，顯示結果如圖8-9所示。

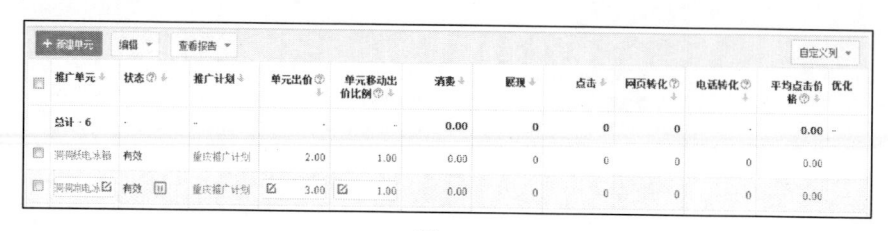

圖8-9

8.2.2 添加關鍵詞

1. 在「洞洞妖電冰箱」單元中添加10個「洞洞妖電冰箱」相關的關鍵詞，全部設置為廣泛匹配。

（1）點擊「洞洞妖電冰箱」，進入圖8-10所示的設置頁面。

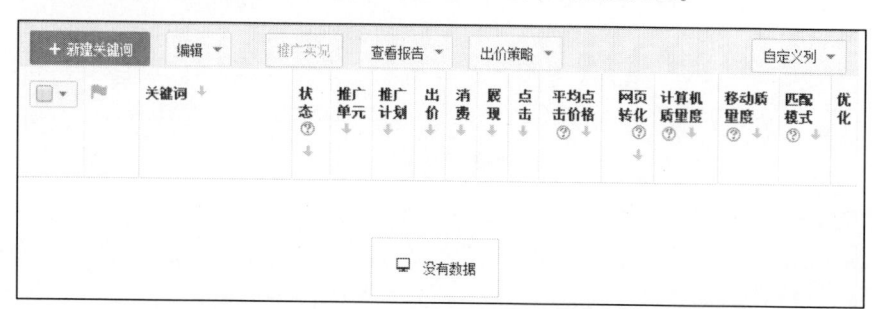

圖8-10

（2）點擊「新建關鍵詞」，進入圖 8-11 所示的「關鍵詞規劃師」界面，輸入「洞洞妖電冰箱」，點擊「搜索」，如圖 8-12 所示。

圖 8-11

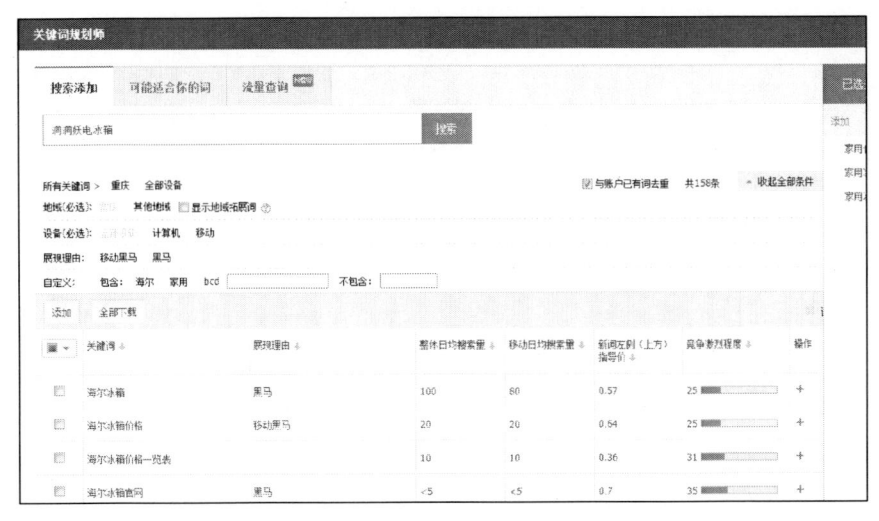

圖 8-12

（3）勾選關鍵詞，勾選完畢之後，點擊如圖 8-13 所示的「添加」按鈕，即可將關鍵詞添加進「已選關鍵詞」一欄。

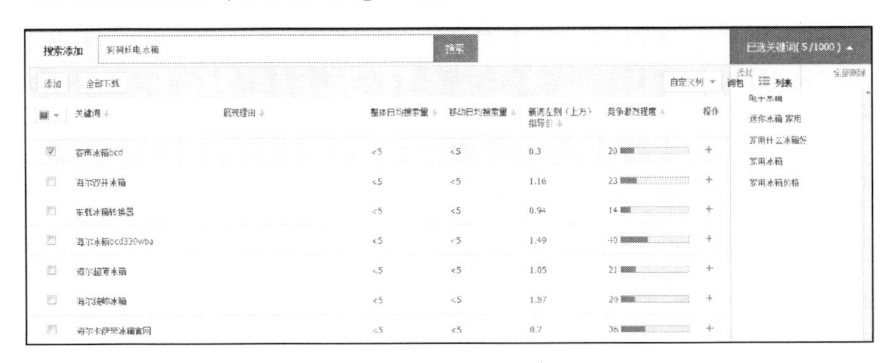

圖 8-13

（4）點擊圖 8-14 中的「快速保存」即可完成關鍵詞添加並保存，如圖 8-15

所示。

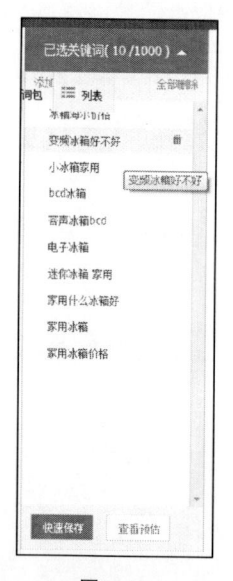

圖 8-14

圖 8-15

（5）添加完成之後主界面的顯示效果如圖 8-16 所示。

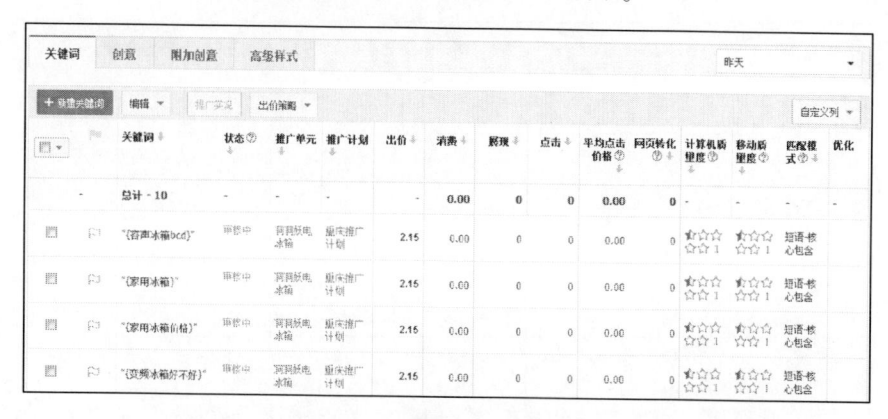

圖 8-16

2. 在「洞洞涼電冰箱」單元中添加 10 個「洞洞涼電冰箱」相關的關鍵詞，全部設置為「短語匹配」。

（1）點擊「洞洞涼電冰箱」進入如圖 8-17 所示的設置頁面。

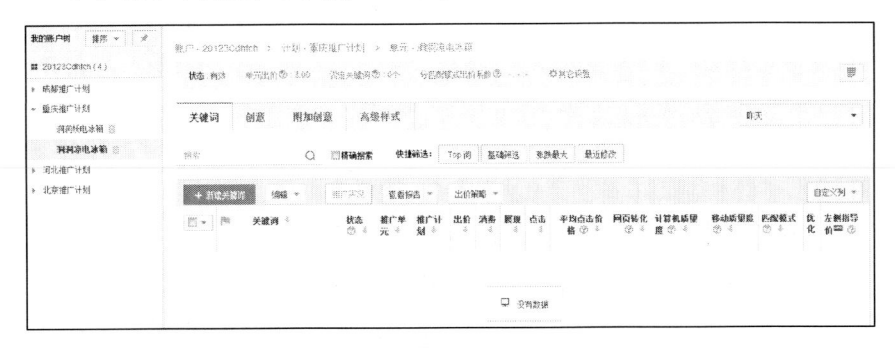

圖 8-17

（2）點擊「新建關鍵詞」，進入如圖 8-18 所示的「關鍵詞規劃師」界面，輸入「洞洞涼電冰箱」，然後點擊「搜索」，如圖 8-19 所示。

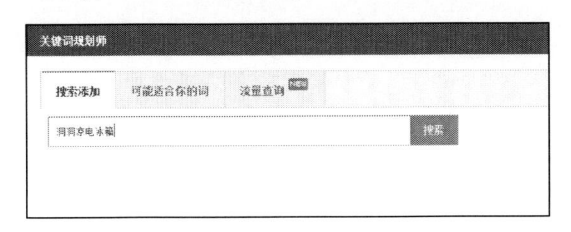

圖 8-18

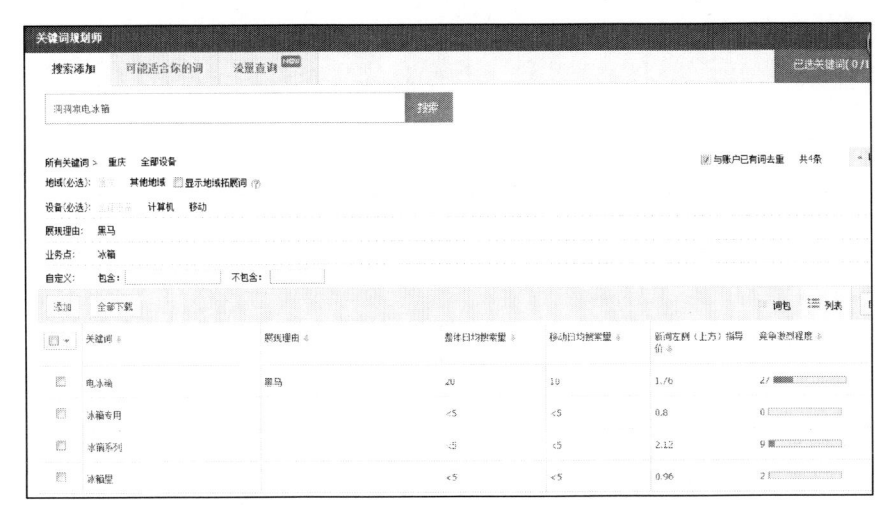

圖 8-19

（3）勾選關鍵詞，勾選完畢之後，點擊如圖 8-20 所示的「添加」按鈕，即

可將關鍵詞添加進「已選關鍵詞」一欄。

圖 8-20

（4）點擊圖 8-21 中的「快速保存」即可完成關鍵詞添加。保存成功的界面如圖 8-22 所示。

圖 8-21

圖 8-22

（5）添加完成之後主界面的顯示效果如圖 8-23 所示。

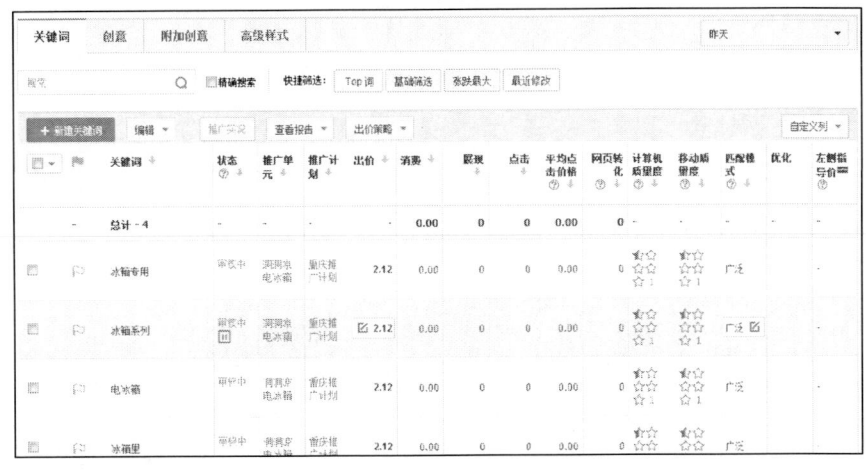

圖 8-23

8.2.3 新增創意

1. 在「洞洞妖電冰箱」單元中新增與「洞洞妖電冰箱」相關的創意。

（1）點擊「洞洞妖電冰箱」，進入洞洞妖電冰箱單元界面，如圖 8-24 所示。

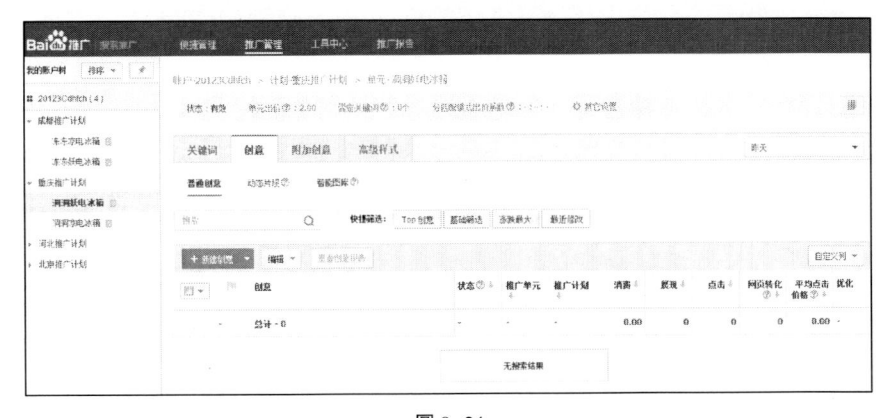

圖 8-24

（2）點擊上圖中的「新建創意」，進入創意編輯界面，完成創意編輯，如圖 8-25 所示。

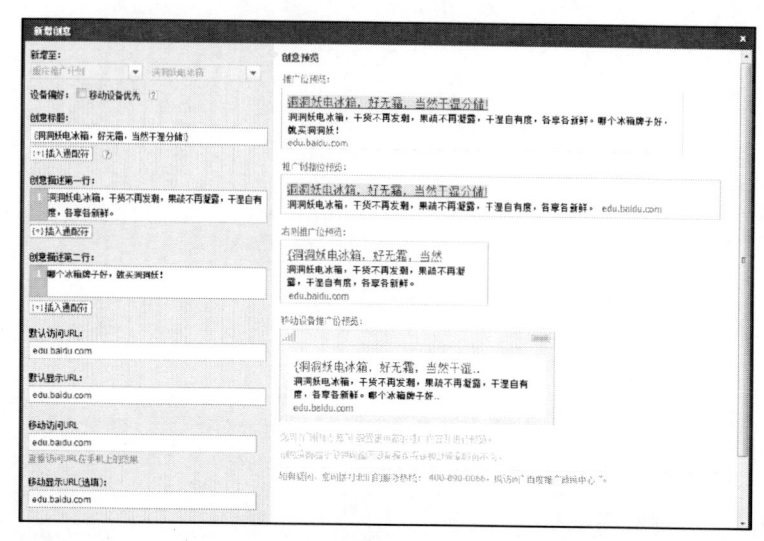

圖 8-25

（3）點擊「確定」即可查看新增創意，如圖 8-26 所示。

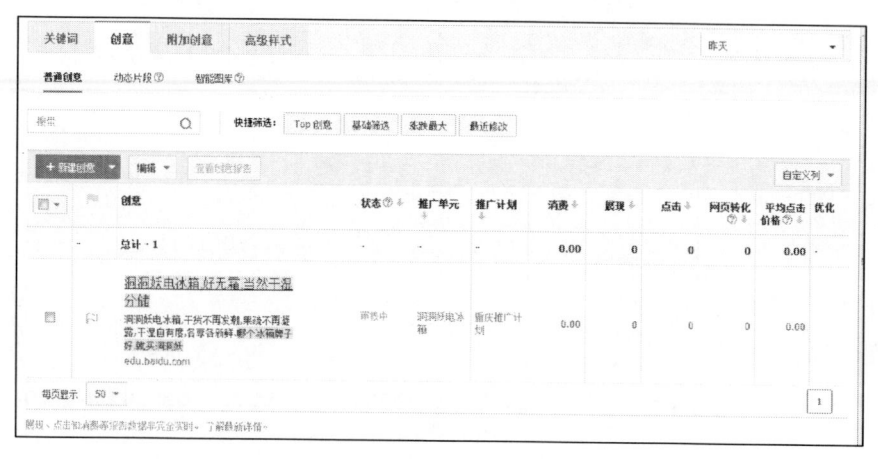

圖 8-26

2. 在「洞洞涼電冰箱」單元中新增與「洞洞涼電冰箱」相關的創意。
（1）點擊「洞洞涼電冰箱」，進入洞洞涼電冰箱單元界面，如圖 8-27 所示。

圖 8-27

（2）點擊上圖中的「新建創意」，進入創意編輯界面，完成創意編輯，如圖 8-28 所示。

圖 8-28

（3）點擊「確定」即可查看新增創意，如圖 8-29 所示。

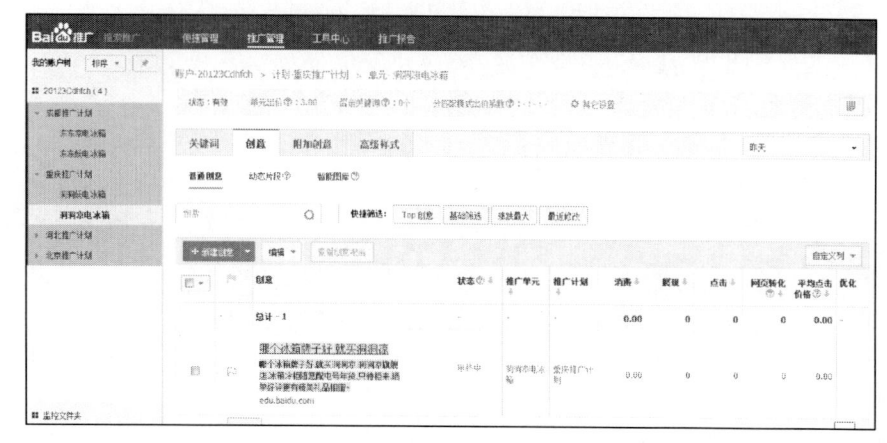

圖 8-29

8.3 各層級設置

8.3.1 帳戶層級設置

1. 設置帳戶層級日預算為「3,000 元」。

（1）圖 8-30 為設置前的界面。

圖 8-30

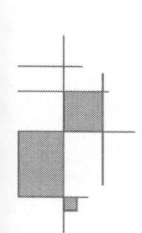

（2）點擊圖 8-30 中「預算」右邊的「修改」按鈕進行日預算修改，如圖 8-31 所示。

圖 8-31

2. 設置帳戶層級推廣地域為「重慶」和「成都」
（1）推廣地域修改並保存，如圖 8-32、圖 8-33 所示。

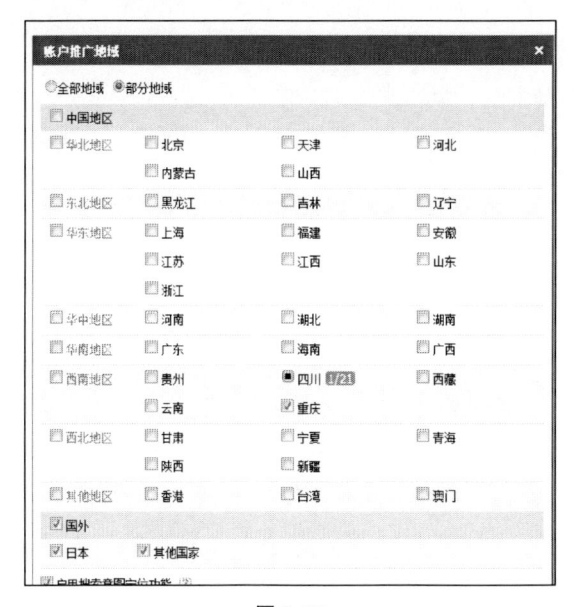

圖 8-32

圖 8-33

(2) 修改完成後，如圖 8-34 所示。

圖 8-34

8.3.2 推廣計劃層級設置

1.「重慶推廣計劃」層級設置

(1) 設置日預算：設置「重慶推廣計劃」日預算為「1,500 元」，如圖 8-35 所示。

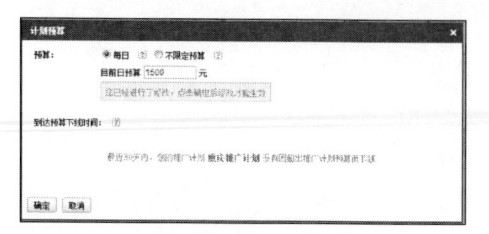

圖 8-35

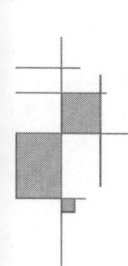

(2) 設置推廣地域：設置「重慶推廣計劃」推廣地域為「重慶」，如圖 8-36 所示。

圖 8-36

（3）設置推廣時段：設置「重慶推廣計劃」推廣時段為「全天」，如圖 8-37 所示。

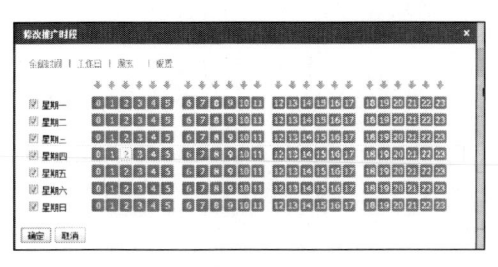

圖 8-37

（4）設置否定關鍵詞：設置「重慶推廣計劃」否定關鍵詞為「海爾」，如圖 8-38 所示。

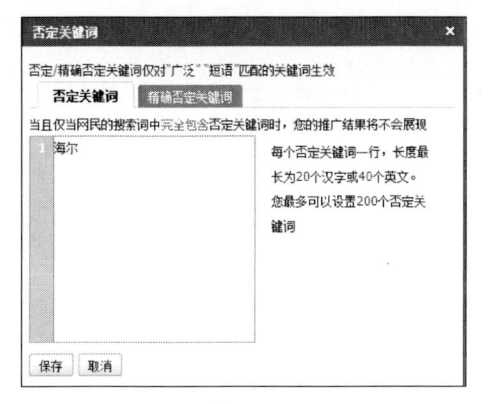

圖 8-38

（5）其他設置：「重慶推廣計劃」推廣計劃名稱修改為「電冰箱重慶推廣計劃」，設置創意展現方式設置為「優選」，如圖 8-39 所示。

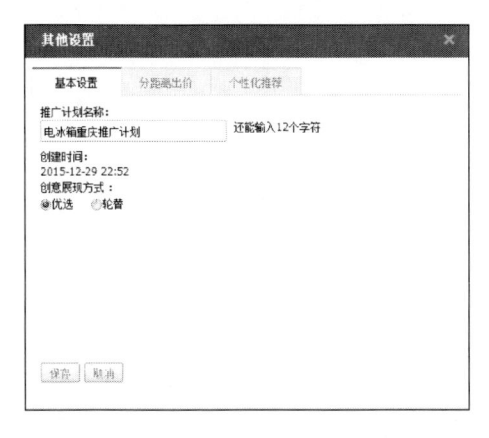

圖 8-39

（6）計劃狀態調整：將計劃狀態設置為「有效」。

8.3.3 推廣單元層級設置

1. 修改推廣單元名稱

（1）將「電冰箱重慶推廣計劃」內的「洞洞妖電冰箱」單元名稱修改為「洞洞妖電冰箱-重慶」。如圖 8-40 所示。

圖 8-40

（2）將「電冰箱重慶推廣計劃」內的「洞洞涼電冰箱」單元名稱修改為「洞洞涼電冰箱-重慶」。如圖 8-41 所示。

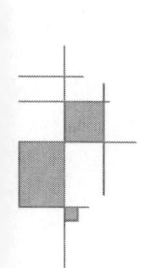

圖 8-41

2. 設置單元出價：「洞洞妖電冰箱-重慶」單元層級出價從「2 元」調整為「2.5 元」。

（1）調整前，如圖 8-42 所示。

賬戶 - 20123Cdhfch ＞ 計劃 - 電冰箱重慶推廣計劃 ＞ 單元 - 洞洞妖电冰箱-重庆
狀態：有效　單元出价⑦：2.00　否定关键词⑦：0个　分匹配模式出价系数⑦：-：-：-　✦其它设置

圖 8-42

（2）出價調整，如圖 8-43 所示。

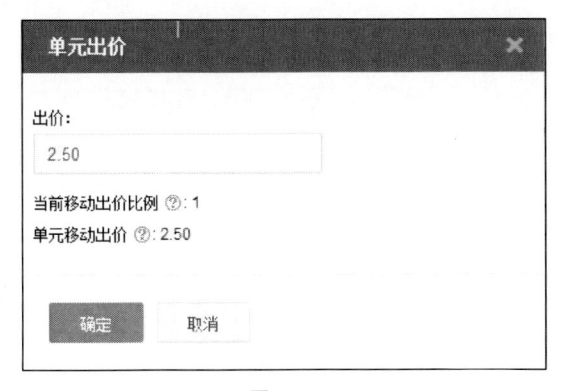

圖 8-43

（3）調整後，如圖 8-44 所示。

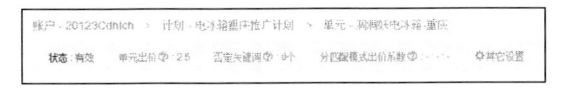

圖 8-44

3. 設置否定關鍵詞：「洞洞妖電冰箱-重慶」單元層級關鍵詞為「海爾」，精確否定關鍵詞「海爾價格」，如圖 8-45 所示。

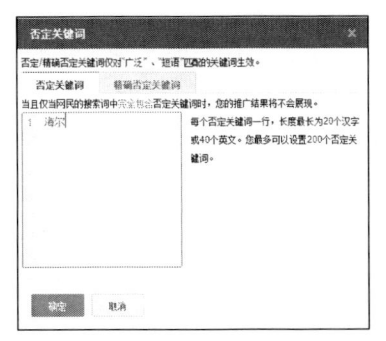

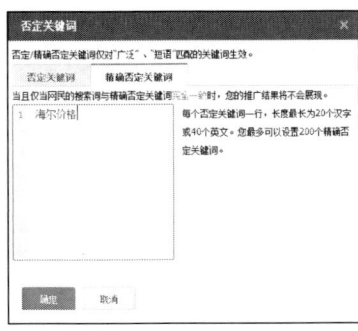

圖 8-45

4. 單元狀態調整：所有單元格均設置為「有效」。如圖 8-46 所示。

圖 8-46

8.3.4 關鍵詞層級設置

1. 關鍵詞狀態調整（有效/暫停推廣）：將「洞洞妖電冰箱-重慶」單元中的 2 個關鍵詞設置為「暫停推廣」狀態。

圖 8-47 為設置前和設置後的界面。

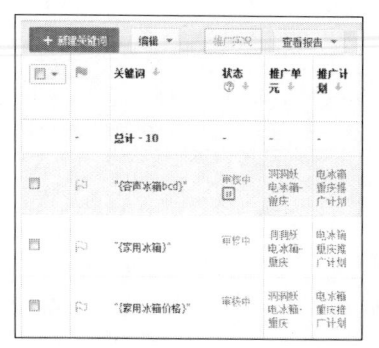

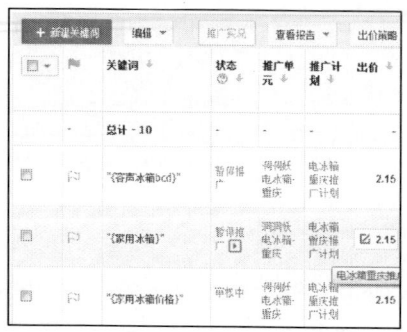

圖 8-47

2. 關鍵詞出價設置：將「洞洞妖電冰箱-重慶」單元中另兩個關鍵詞出價調整為「5.5 元」。

（1）調整關鍵詞出價，如圖 8-48 所示。

圖 8-48

（2）調整後，如圖 8-49 所示。

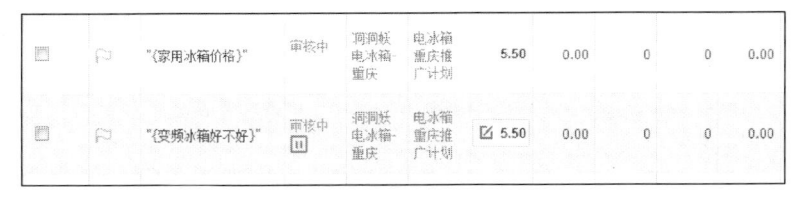

圖 8-49

3. 關鍵詞匹配模式設置：將「洞洞妖電冰箱-重慶」單元中調整過出價的兩個關鍵詞調整為「短語匹配」。

（1）匹配模式調整，如圖 8-50 所示。

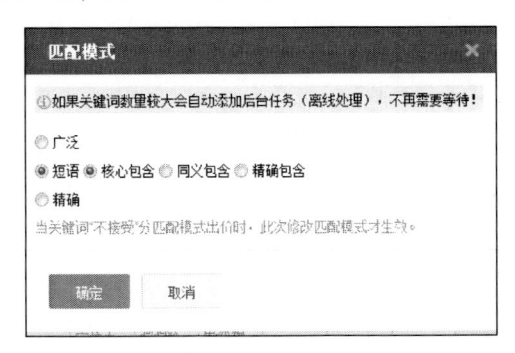

圖 8-50

（2）調整後，如圖 8-51 所示。

圖 8-51

4. 關鍵詞訪問 URL 設置：將「洞洞妖電冰箱-重慶」單元中調整過出價的兩個關鍵詞訪問 URL 調整為「DDG. baidu. com」。

（1）首先選取所要修改的關鍵詞，其次再點開如圖 8-52 所示的下拉框，選擇「修改訪問 URL」。

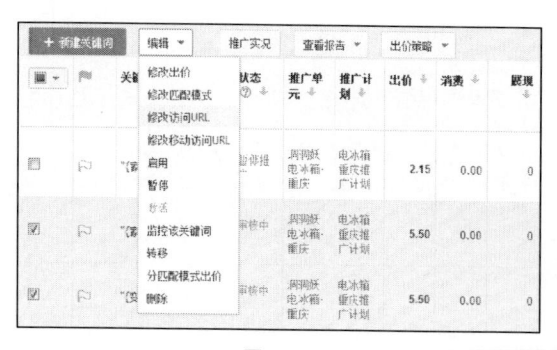

圖 8-52

（2）點擊圖 8-52 中的「修改訪問 URL」，進入如圖 8-53 所示的彈出窗口，將新的 URL 地址填入表單中，點擊「確定」即可。

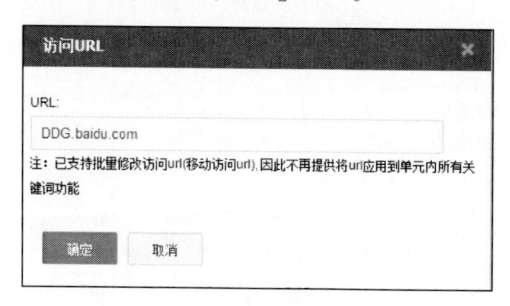

圖 8-53

8.3.5　創意層級設置

1. 修改創意：在「洞洞妖電冰箱-重慶」單元中的其中一個創意「描述 1」中加入「滿 2000 元返 100 元」。

方式一：

（1）直接點擊圖 8-54 中的「🖉」進入創意修改編輯界面。

圖 8-54

（2）添加「滿 2000 元返 100 元」至「創意描述第一行」，點擊「確定」即可，如圖 8-55 所示。

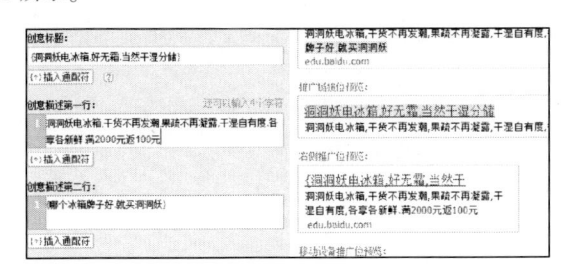

圖 8-55

方式二：

（1）首先選取所要修改的創意，其次再點開如圖 8-56 所示的下拉框，選擇「修改創意文字」。

圖 8-56

（2）點擊圖8-56中的「修改創意文字」進入如圖8-57所示的創意文字編輯頁面，再進行設置，最後點擊「確定」即可。

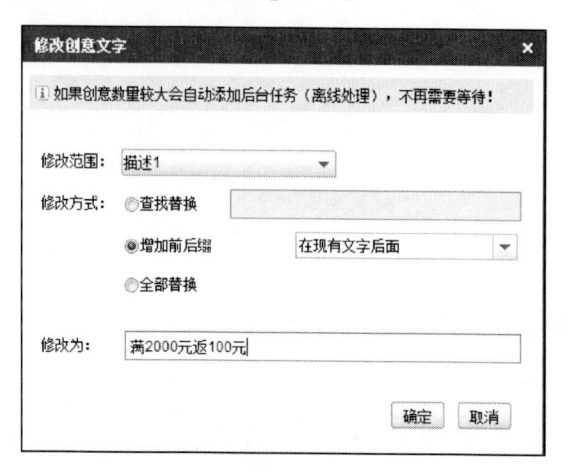

圖8-57

（3）添加之後的效果如圖8-58所示。

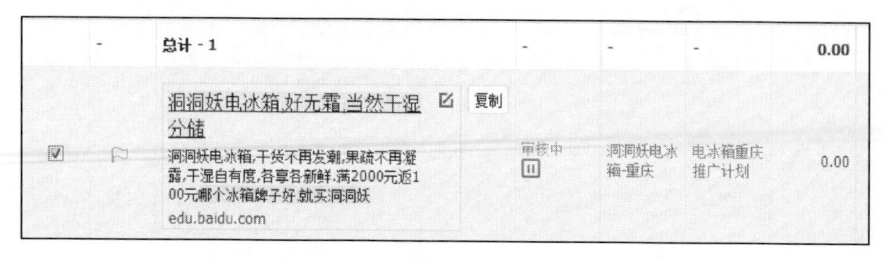

圖8-58

2. 創意狀態調整（有效/暫停推廣）：將「洞洞妖電冰箱-重慶」單元中的創意設置為「暫停推廣」。

（1）調整前如圖8-59所示。

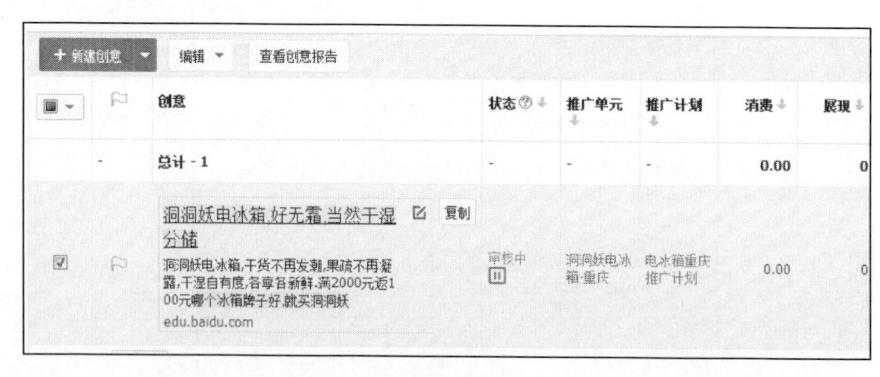

圖8-59

（2）調整後（點擊圖 8-59 中「審核中」旁邊的「進行時」按鈕即可實現「暫停推廣」和「恢復推廣」狀態的調整），如圖 8-60 所示。

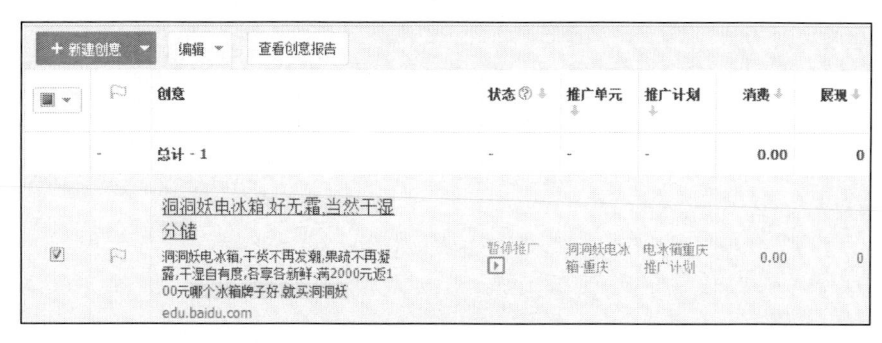

圖 8-60

8.4 實驗任務

1. 新建計劃二「成都推廣計劃」

（1）新建推廣計劃：輸入推廣計劃名稱「成都推廣計劃」，選擇創意展現方式「優選」，設置推廣地域「成都」。

（2）新建推廣單元：選擇目標計劃名「成都推廣計劃」，輸入單元名稱「凍凍妖電冰箱」，設置單元出價「2 元」。

（3）新建推廣單元：選擇目標計劃名「成都推廣計劃」，輸入單元名稱「凍凍涼電冰箱」，設置單元出價「3 元」。

2. 添加關鍵詞

（1）在「凍凍妖電冰箱」單元中添加 10 個「凍凍妖電冰箱」相關的關鍵詞，全部設置為「廣泛匹配」。

（2）在「凍凍涼電冰箱」單元中添加 10 個「凍凍涼電冰箱」相關的關鍵詞，全部設置為「短語匹配」。

3. 新增創意

（1）在「凍凍妖電冰箱」單元中新增與「凍凍妖電冰箱」相關的創意。

（2）在「凍凍涼電冰箱」單元中新增與「凍凍涼電冰箱」相關的創意。

4. 帳戶層級設置

（1）將帳戶層級的日預算改為「3,500 元」。

（2）在帳戶層級的推廣地域中增加「樂山」。

5. 推廣計劃層級設置

（1）設置日預算：設置「成都推廣計劃」日預算為「1,500 元」。

（2）設置推廣地域：設置「成都推廣計劃」推廣計劃為「成都」。

（3）設置推廣時段：設置「成都推廣計劃」推廣時段為「全天」。

（4）設置否定關鍵詞：設置「成都推廣計劃」否定關鍵詞為「美的」。

（5）其他設置：將「成都推廣計劃」推廣計劃名稱修改為「電冰箱成都推廣計劃」，將創意展現方式設置為「優選」。

（6）計劃狀態調整：設置為「有效」。

6. 推廣單元層級設置

（1）「電冰箱成都推廣計劃」內的「凍凍妖電冰箱」單元名稱修改為「凍凍妖電冰箱-成都」。

（2）「電冰箱成都推廣計劃」內的「凍凍涼電冰箱」單元名稱修改為「凍凍涼電冰箱-成都」。

（3）「凍凍妖電冰箱-成都」單元層級出價調整為「4.5元」。

（4）「凍凍涼電冰箱-成都」單元層級關鍵詞為「音樂」，精確否定關鍵詞「格力空調」。

7. 關鍵詞層級設置

（1）關鍵詞出價設置：將「凍凍妖電冰箱-成都」單元中兩個關鍵詞出價調整為「5.5元」。

（2）關鍵詞匹配模式設置：將「凍凍涼電冰箱-成都」單元中調整過出價的兩個關鍵詞調整為「短語匹配」。

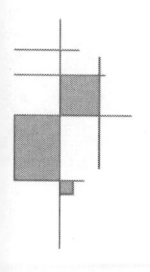

9 案例三：王牌大米公司在全國的推廣

9.1 客戶基本信息

1. 公司名稱：王牌玉米
2. 受眾目標
主要潛在客戶：一般家庭
潛在客戶覆蓋地區：重慶、成都
潛在客戶可能上網搜索時段：白天
3. 公司推廣預算：每天 1,000 元
4. 官方網址：edu.baidu.com

9.2 搜索推廣操作

9.2.1 建立帳戶結構

1. 建立計劃——全國推廣計劃
（1）新建推廣計劃
①登入系統，進入沙箱，點擊「搜索推廣」，如圖 9-1 所示。

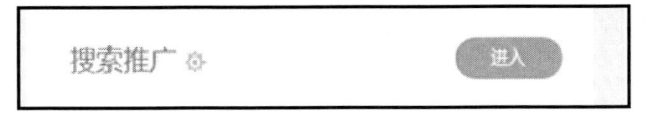

圖 9-1

②點擊「推廣管理」。如圖 9-2 所示。

圖 9-2

③新建推廣計劃。設置推廣計劃名稱為「王牌大米公司全國推廣計劃」，創意展現方式為「優選」，推廣地域為「全部地域」，關鍵詞出價為「8.00 元」。如

147

圖 9-3 所示。

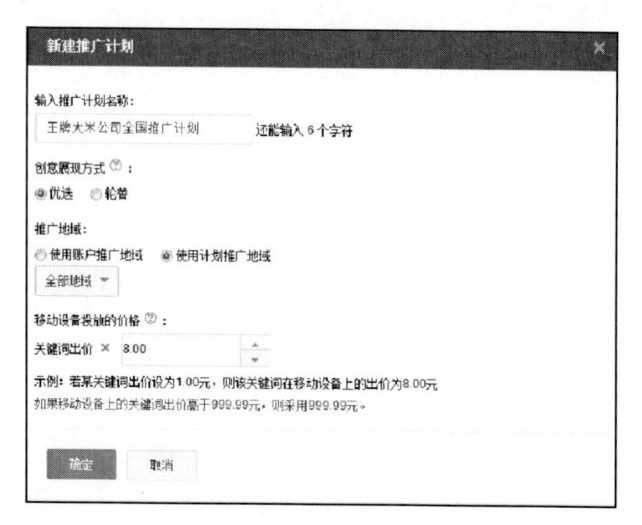

圖 9-3

④點擊圖 9-3 中的「確定」。確定後的界面如圖 9-4 所示。

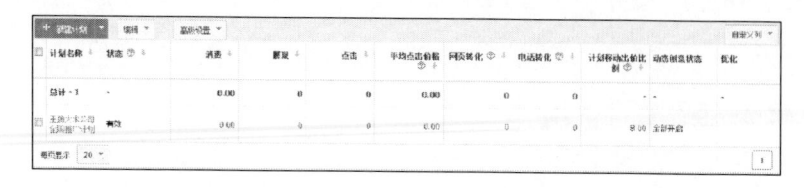

圖 9-4

（2）新建推廣單元

①點擊「推廣單元」。如圖 9-5 所示。

圖 9-5

②新建推廣單元。選擇目標計劃名「王牌大米公司全國推廣計劃」，推廣單元「王牌大米」，單元出價「5元」，使用計劃移動出價比例。如圖 9-6 所示。
③點擊圖 9-6 中的「確定」，確定後的界面如圖 9-7 所示。

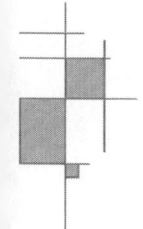

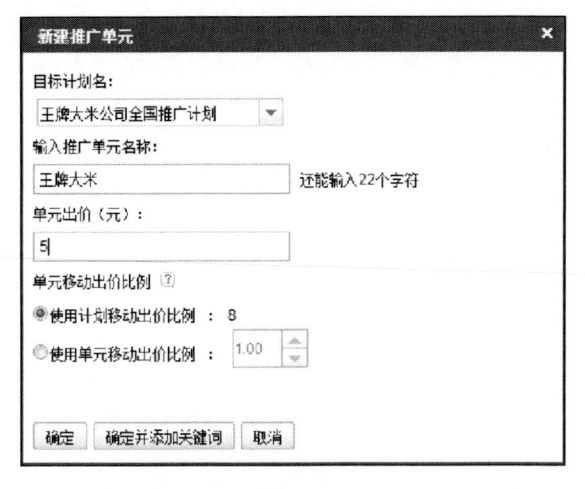

圖 9-6

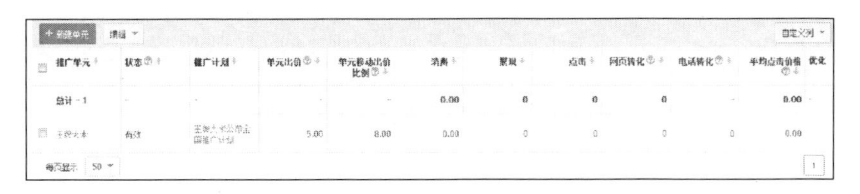

9.2.2 添加關鍵詞

1. 新建 5 個廣泛匹配關鍵詞

（1）點擊「關鍵詞」。如圖 9-8 所示。

圖 9-8

（2）在關鍵詞規劃師界面中，輸入「大米銷售」並搜索。如圖 9-9 所示。

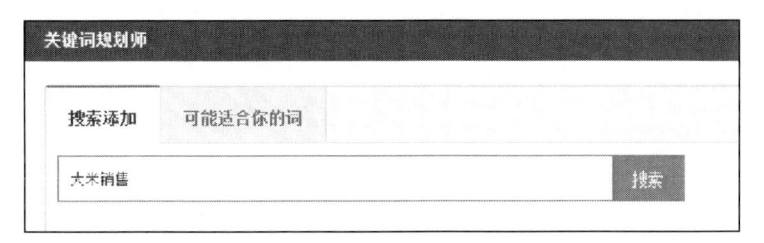

圖 9-9

（3）選擇整體日均搜索量較高且與公司較吻合的 5 個關鍵詞，點擊「添加」。如圖 9-10 所示。

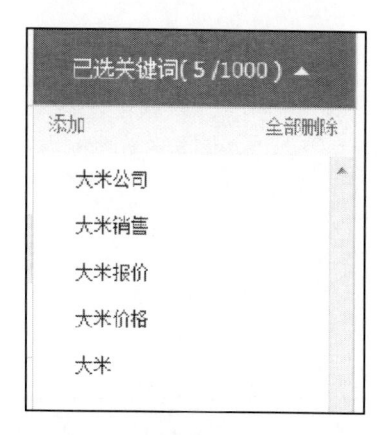

圖 9-10

（4）點擊「快速保存」，將出價設為「50」，匹配模式為「廣泛匹配」。如圖 9-11 所示。

圖 9-11

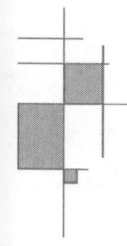

2. 選擇精確匹配關鍵詞

（1）在關鍵詞規劃師界面中，輸入「大米銷售」並搜索。如圖 9-12 所示。

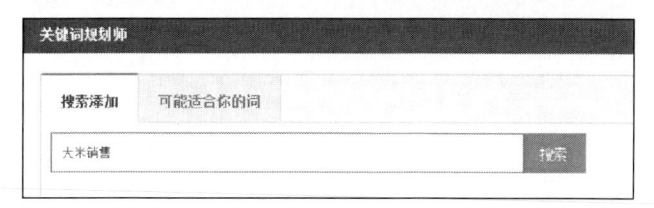

圖 9-12

（2）點擊「快速保存」，出價設為「30」，匹配模式為「精確匹配」即可完成設置。

9.2.3 新增創意

1. 增加與王牌大米相關的創意

（1）點擊「創意」。如圖 9-13 所示。

圖 9-13

（2）點擊「新建創意」，完成創意設置，並點擊「確定」保存。如圖 9-14、圖 9-15 所示。

圖 9-14

圖 9-15

（3）再點擊「新增創意」，完成另外一條創意設置，並點擊「確定」保存。如圖 9-16、圖 9-17 所示。

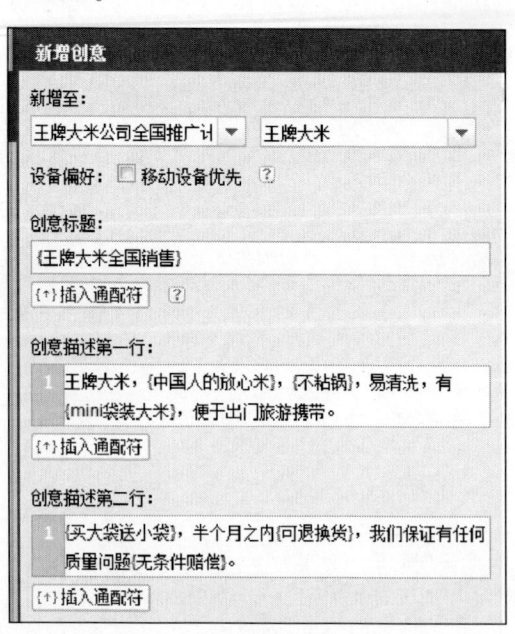

圖 9-16

默認訪問URL：

wprice.baidu.com

默認顯示URL：

wprice.baidu.com

移動訪問URL

wprice.baidu.com

查看訪問URL在手機上的效果

移動顯示URL（選填）：

wprice.baidu.com

请您认真复核将展现的创意，确保其不违法、侵权，且与您的网站内容相关。请勿填写电话/QQ号，否则将被系统过滤。

確定　取消

圖 9-17

9.3　各層級設置

9.3.1　帳戶層級設置

1 設置帳戶層級日預算為「1,000 元」

（1）進入搜索推廣，選擇「便捷管理」。如圖 9-18 所示。

便捷管理　推广管理　工具中心　推广报告

圖 9-18

（2）點擊「日預算」的「修改」。如圖 9-19 所示。

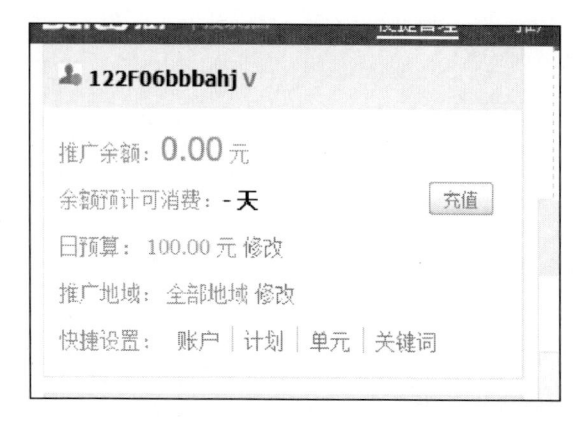

圖 9-19

（3）將日預算改為 1,000 元，並點擊「確定」保存。如圖 9-20 所示。

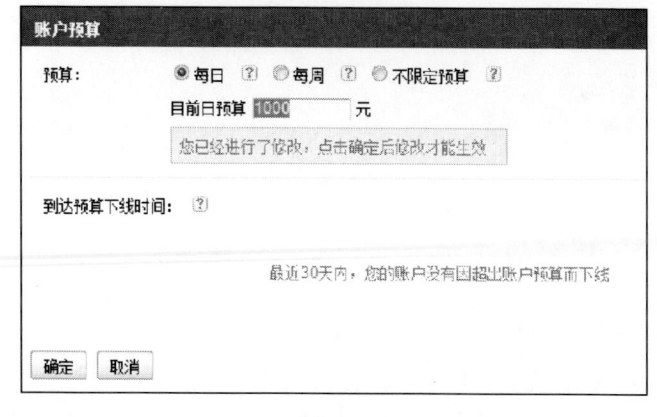

圖 9-20

2. 設置帳戶層級推廣地域為「中國地域」
（1）進入搜索推廣，選擇「便捷管理」。如圖 9-21 所示。

圖 9-21

（2）點擊「推廣地域」的「修改」。如圖 9-22 所示。

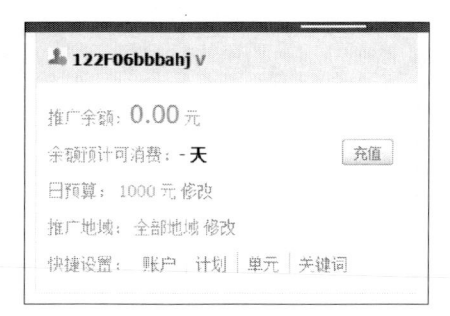

圖 9-22

（3）將推廣地域改為「部分地域」的所有中國地區，並點擊「確定」保存。如圖 9-23 所示。

圖 9-23

9.3.2 推廣計劃層級設置

1. 設置「王牌大米公司全國推廣計劃」日預算為「1,000 元」
（1）點擊「推廣管理」。如圖 9-24 所示。

155

圖 9-24

（2）選擇「王牌大米公司全國推廣計劃」。如圖 9-25 所示。

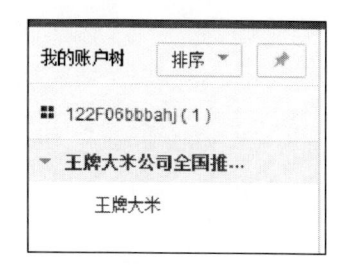

圖 9-25

（3）點擊修改預算金額。如圖 9-26 所示。

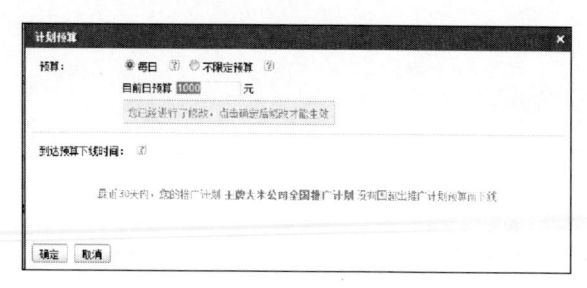

圖 9-26

（4）設置日預算為 1,000 元，並點擊「確定」保存。保存後界面如圖 9-27 所示。

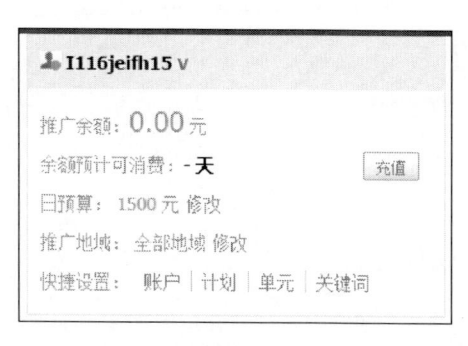

圖 9-27

2. 設置「王牌大米公司全國推廣計劃」推廣地域為「中國地域」
(1) 點擊修改推廣地域。如圖9-28所示。

圖9-28

(2) 設置推廣地域為「部分地域」中的所有中國地區，並點擊「確定」保存。如圖9-29所示。

圖9-29

2. 將「王牌大米公司全國推廣計劃」的推廣時段設置為「週一至週五09：00~22：00，週末全天」
(1) 點擊「推廣時段」。如圖9-30所示。

圖9-30

（2）設置推廣時段為「周一至周五 09：00～22：00，週末全天」，並點擊「確定」保存。如圖 9-31 所示。

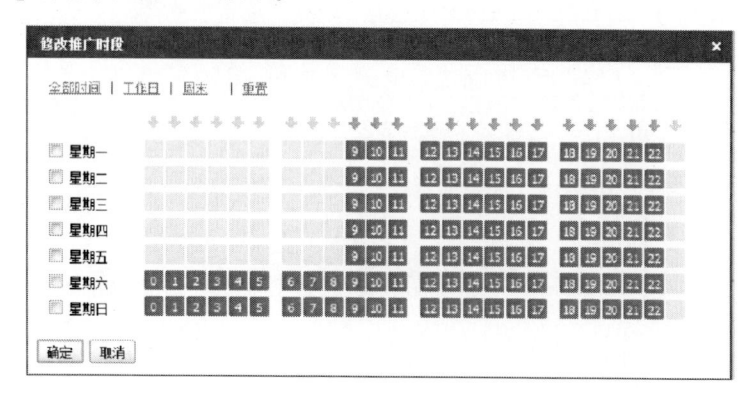

圖 9-31

3. 將「王牌大米公司全國推廣計劃」的否定關鍵詞設置為「大米做法」和「大米種類」

（1）點擊否定關鍵詞。如圖 9-32 所示。

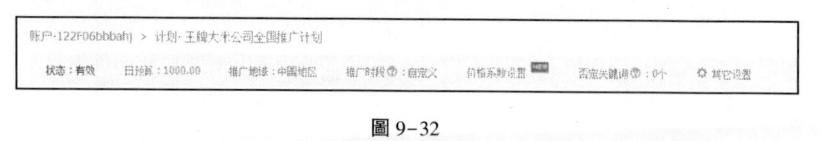

圖 9-32

（2）設置否定關鍵詞為「大米做法」和「大米種類」，並點擊「保存」。如圖 9-33 所示。

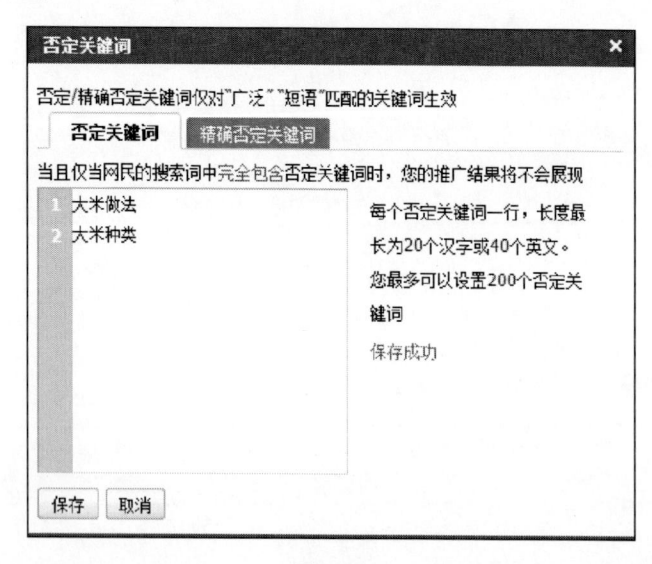

圖 9-33

4. 其他設置

（1）「王牌大米公司全國推廣計劃」更名為「王牌大米全國推廣計劃」，創意展現方式為「優選」。

①點擊「其他設置」。如圖9-34所示。

圖 9-34

②將推廣計劃名稱改為「王牌大米全國推廣計劃」，「創意展現方式」改為「優選」，並點擊「保存」。如圖9-35所示。

圖 9-35

（2）將「王牌大米全國推廣計劃」的狀態調整為「有效」

①點擊「推廣單元」。如圖9-36所示。

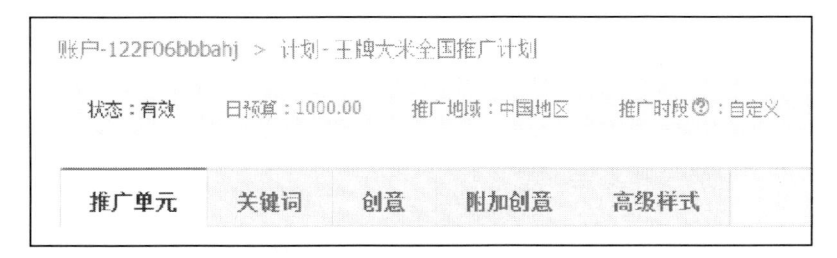

圖 9-36

②將計劃狀態調為「有效」。如圖 9-37 所示。

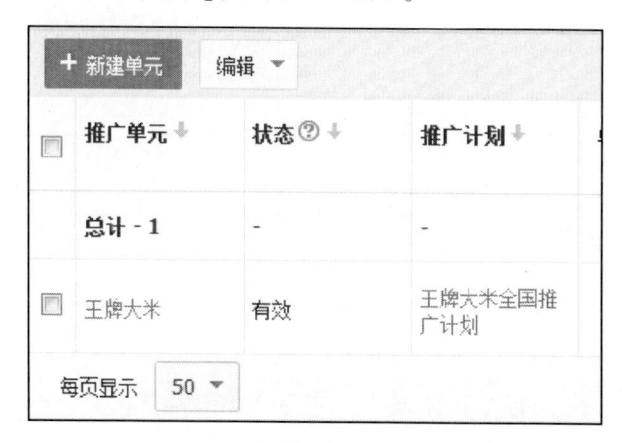

圖 9-37

9.3.3 推廣單元層級設置

1. 將「王牌大米」推廣單元名稱修改為「王牌大米公司」

（1）點擊進入王牌大米推廣單元。如圖 9-38 所示。

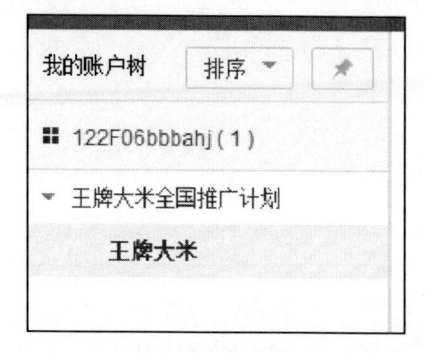

圖 9-38

（2）點擊「其他設置」。如圖 9-39 所示。

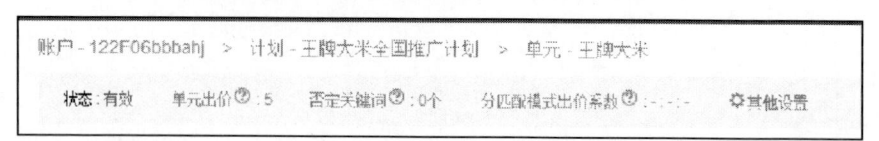

圖 9-39

（3）將推廣單元名稱改為「王牌大米公司」，並點擊「確定」保存。如圖 9-40所示。

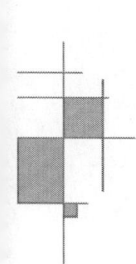

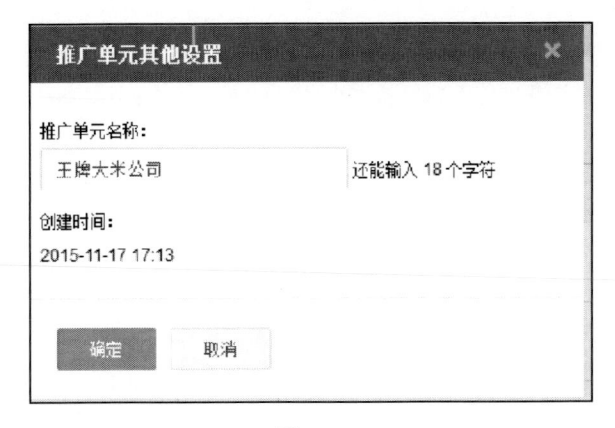

圖 9-40

2. 修改「王牌大米公司」推廣單元層級出價，由「5」元調整為「5.5」元
（1）點擊「單元出價」。如圖 9-41 所示。

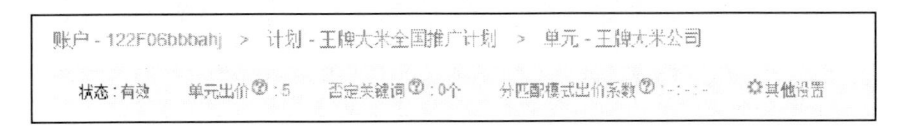

圖 9-41

（2）將出價調為「5.5」元，並點擊「確定」保存。如圖 9-42 所示。

圖 9-42

9.3.4 關鍵詞層級設置

1. 將「王牌大米公司」推廣單元中的兩個關鍵詞設置為「暫停推廣」狀態
（1）點擊進入王牌大米公司推廣單元。如圖 9-43 所示。

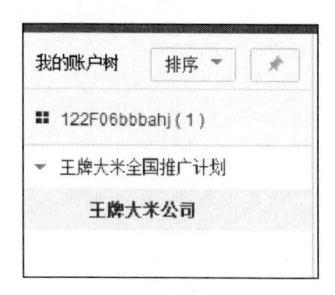

圖 9-43

（2）將兩個關鍵詞設置為「暫停推廣」狀態。如圖 9-44 所示。

圖 9-44

2. 將「王牌大米公司」推廣單元中另外兩個關鍵詞的出價調整為「40」元
（1）點擊進入王牌大米公司推廣單元。如圖 9-45 所示。

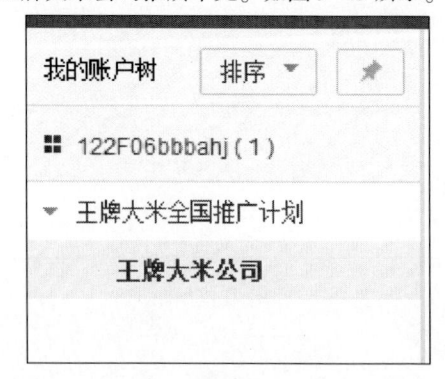

圖 9-45

（2）選擇另外兩個關鍵詞的出價調整為「40.00」元，並點擊「確定」保存。如圖 9-46 所示。

圖 9-46

3. 將「王牌大米公司」推廣單元中修改過出價的兩個關鍵詞調整為「短語匹配」。

（1）點開這兩個關鍵詞的匹配模式，修改為「短語」和「核心包含」，並點擊「確定」保存。如圖 9-47 所示。

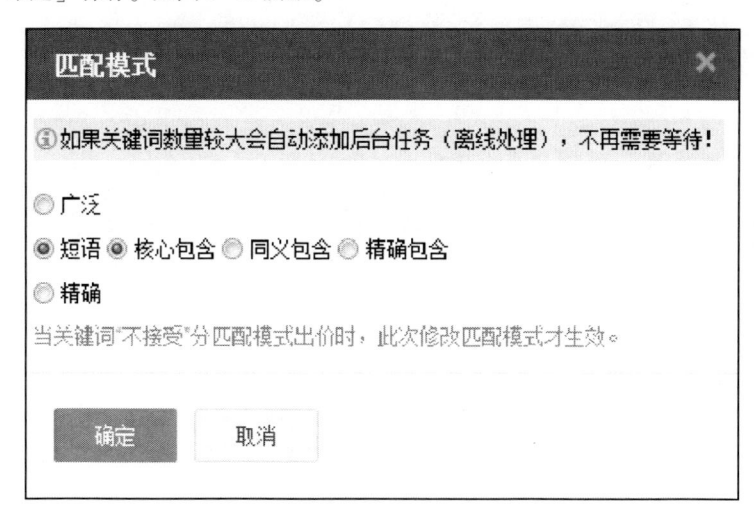

圖 9-47

4. 將「王牌大米公司」推廣單元中修改過出價的兩個關鍵詞的 URL 調整為「wprice2.baidu.com」。

（1）選中這兩個關鍵詞。如圖 9-48 所示。

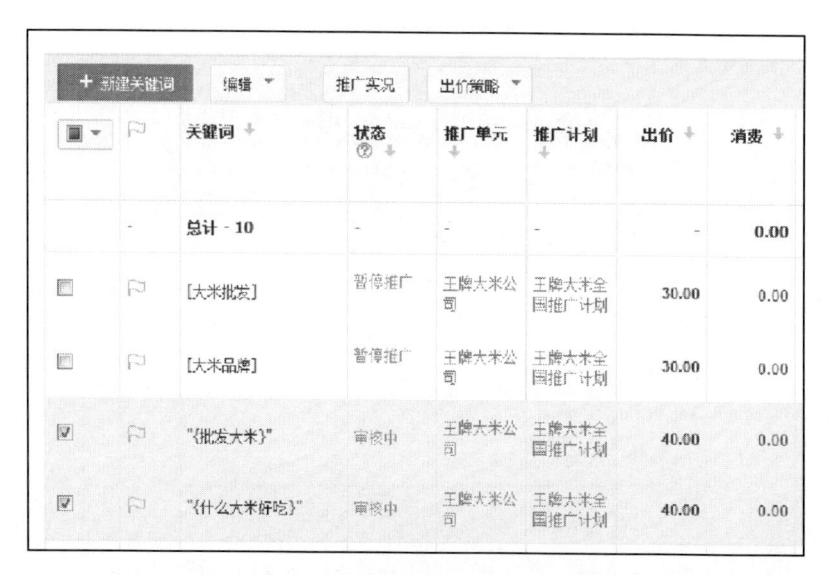

圖 9-48

（2）點擊「編輯」裡的「修改訪問 URL」，將 URL 調整為「wprice2.baidu.com」，並點擊「確定」保存。如圖 9-49 所示。

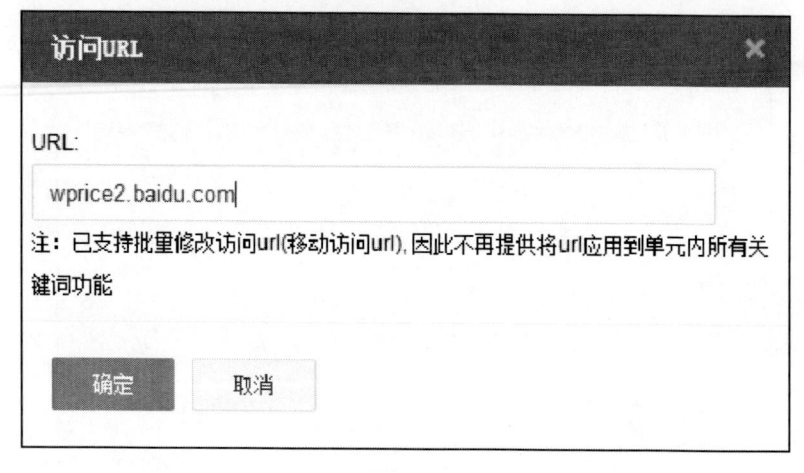

圖 9-49

9.3.5 創意層級設置

1. 在「王牌大米公司」推廣單元中的一個創意「描述 2」中加入「購滿 500 斤送棉絮」。

（1）點擊進入王牌大米公司推廣單元。如圖 9-50 所示。

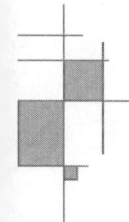

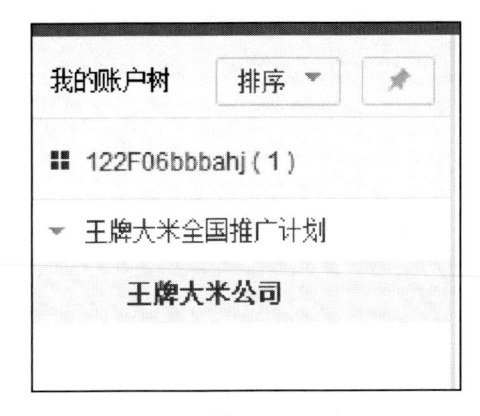

圖 9-50

（2）點擊「創意」。如圖 9-51 所示。

圖 9-51

（3）點擊進入「編輯創意」界面進行修改，並確定保存，如圖 9-52。

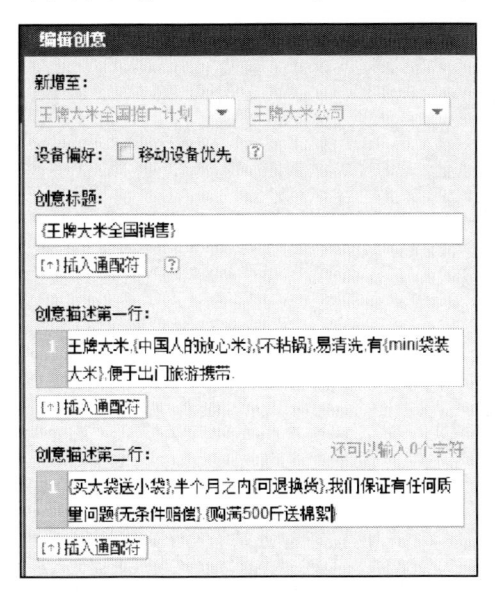

圖 9-52

2. 將「王牌大米公司」推廣單元中的另外一個創意設置為「暫停推廣」。如

圖 9-53 所示。

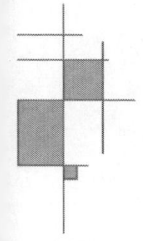

圖 9-53

10 案例四：蛋糕店在重慶與成都的推廣

10.1 客戶基本信息

表 1-5　客戶基本信息

客戶基本信息	公司行銷目標	通過對網站各項培訓產品的推廣，提升網站的訪問量並形成訂單
	公司名稱	Sweet Cake 甘味蛋糕店
	行業概況	已投放渠道 1. 在微博、微信公眾號等自媒體平臺推廣； 2. 在大眾點評網、美團等團購平臺推廣。 以往投放 SEM 經驗 市場部對 SEM 沒有任何投放經驗，瞭解同行通過百度搜索推廣效果不錯，希望嘗試搜索推廣並獲得較多的訂單回報。 主要的市場競爭對手 1. 好利來 2. 沁園 3. 元祖 主要的百度推廣競爭對手 1. 團購類網站 2. 加盟類網站 3. 蛋糕品牌推廣類網站
	公司規模	中型公司
	公司推廣預算	每天 3,000 元
	受眾目標	主要潛在客戶：青年和中青年人群 潛在客戶覆蓋地區：重慶和成都 潛在客戶群可能上網搜索時段： 成都地區：周一至周五 11：00~20：00，週末全天 重慶地區：周一至周五 11：00~20：00，週末全天
	官網網址	edu.baidu.com

1. 關於競爭對手補充說明

（1）主要的市場競爭對手

借助百度地圖功能，在重慶區域地圖內搜索「蛋糕店」，店鋪數量排名前三的是沁園、好利來、元祖；在成都區域地圖內搜索「蛋糕店」，店鋪數量排名前三的是好利來、元祖、沁園。故可推斷針對重慶、成都區域的主要市場競爭對手是好利來、沁園、元祖。

（2）主要的百度推廣競爭對手

無論是在真實的百度搜索平臺搜索，還是在模擬前臺搜索關鍵詞「蛋糕」「蛋糕店」「重慶蛋糕店」「成都蛋糕店」等，第一頁的網站中團購類網站數量最多，其次是加盟類網站，再次是諸如好利來等蛋糕品牌推廣類網站，最後是蛋糕原料網站。故可推斷百度推廣的競爭對手是團購類網站、加盟類網站和蛋糕品牌推廣類網站。

（3）競爭對手補充說明

我們將結合市場競爭對手和百度推廣競爭對手兩類的特點，制定相關的推廣單元。根據市場競爭對手，推廣單元與蛋糕相關；根據百度推廣競爭對手，推廣單元與加盟、DIY 相關。

2. 關於公司規模和公司推廣預算補充說明

根據好利來（中國）電子科技股份有限公司 2015 年第三季度報告[①]，合併本報告期利潤表指出銷售費用為 2,711,592.38 元，即每日銷售費用大概為 30,000 元。由於銷售費用包含了眾多推廣費用，故推測百度推廣費用不及一成，即小於3,000元。

由於沁園、元祖等公司沒有上市，我們沒能夠找到財務報告，無法參考其銷售費用。

（1）公司規模

公司規模為中型企業。

（2）公司推廣預算

參考好利來的銷售費用，同時考慮到公司市場部對 SEM 沒有任何投放經驗，前期需要通過設置偏高的推廣預算，來開拓市場。故設置推廣預算為 3,000 元。

3. 主要潛在客戶（見圖 10-1）

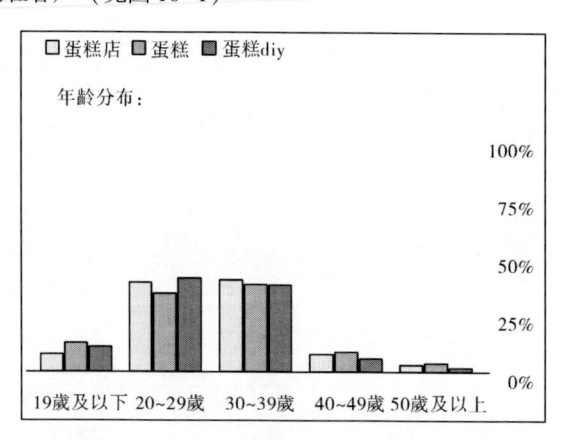

圖 10-1

根據百度指數數據顯示，主要潛在客戶為青年和中青年人群。

4. 上網搜索時段

重慶地區和成都地區市場都重要，故設置相同的搜索時間。考慮到中午聚

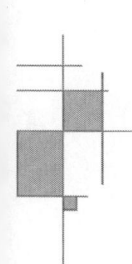

---

① http://disclosure.szse.cn/finalpage/2015-10-29/1201734720.PDF.

會、下午茶、晚上聚會的蛋糕需求，將週一到週五的搜索時間設置為 11：00～20：00，而週末用戶有更多空餘的時間，會考慮 DIY 蛋糕，可將週末的搜索時間設置為全天。

10.2 搜索推廣操作

10.2.1 建立帳戶結構

1. 建立計劃：「重慶推廣計劃」

（1）新建推廣計劃，輸入推廣計劃名稱「重慶推廣計劃」，選擇創意展現方式「優選」，設置推廣地域「重慶」。如圖 10-2 所示。

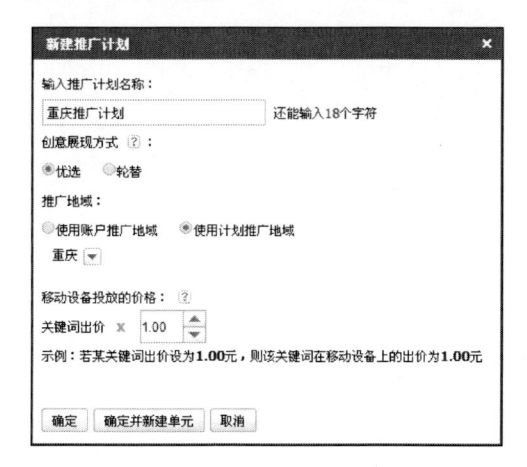

圖 10-2

（2）新建推廣單元，選擇目標計劃名「重慶推廣計劃」，輸入單元名稱「蛋糕訂購」，設置單元出價「3」元。如圖 10-3 所示。

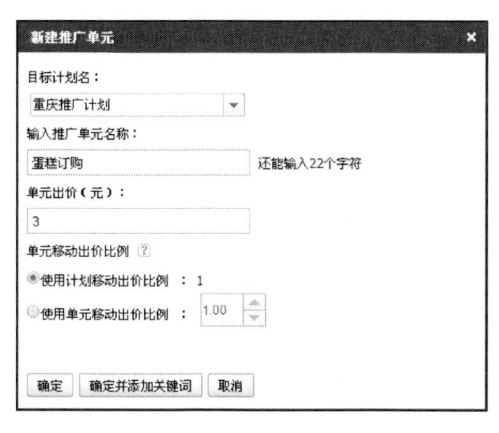

圖 10-3

（3）新建推廣單元，選擇目標計劃名「重慶推廣計劃」，輸入單元名稱「蛋糕 DIY」，設置單元出價「2」元。如圖 10-4 所示。

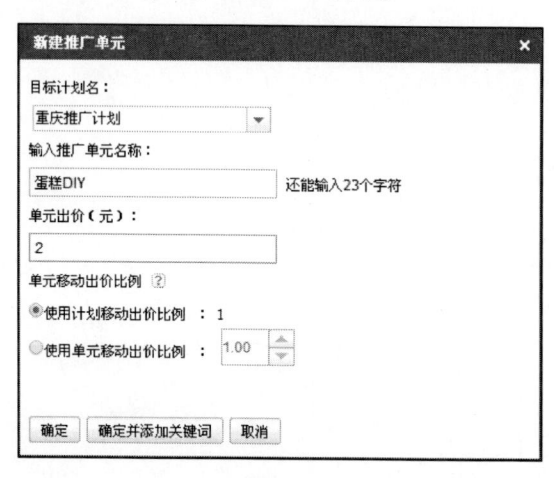

圖 10-4

2. 建立計劃：「成都推廣計劃」

（1）新建推廣計劃，輸入推廣計劃名稱「成都推廣計劃」，選擇創意展現方式「優選」，設置推廣地域「成都」。如圖 10-5 所示。

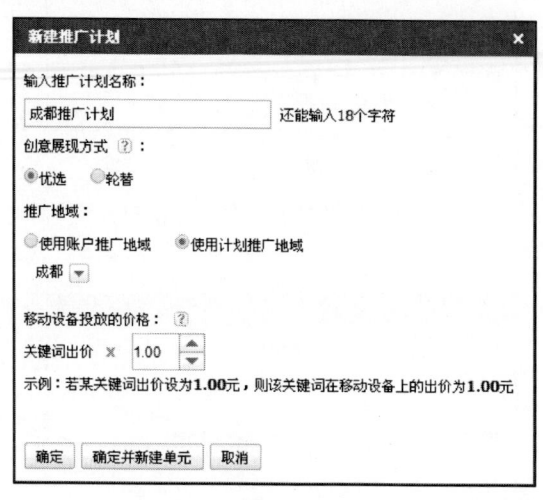

圖 10-5

（2）新建推廣單元，選擇目標計劃名「成都推廣計劃」，輸入單元名稱「蛋糕品類」，設置單元出價「3」元。如圖 10-6 所示。

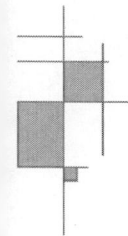

圖 10-6

（3）新建推廣單元，選擇目標計劃名「成都推廣計劃」，輸入單元名稱「蛋糕店加盟」，設置單元出價「3」元。如圖 10-7 所示。

圖 10-7

10.2.2 添加關鍵詞

1. 在「蛋糕訂購」單元中添加 10 個「蛋糕訂購」相關的關鍵詞，如圖 10-8 所示；全部設置為「廣泛匹配」。如圖 10-9 所示。

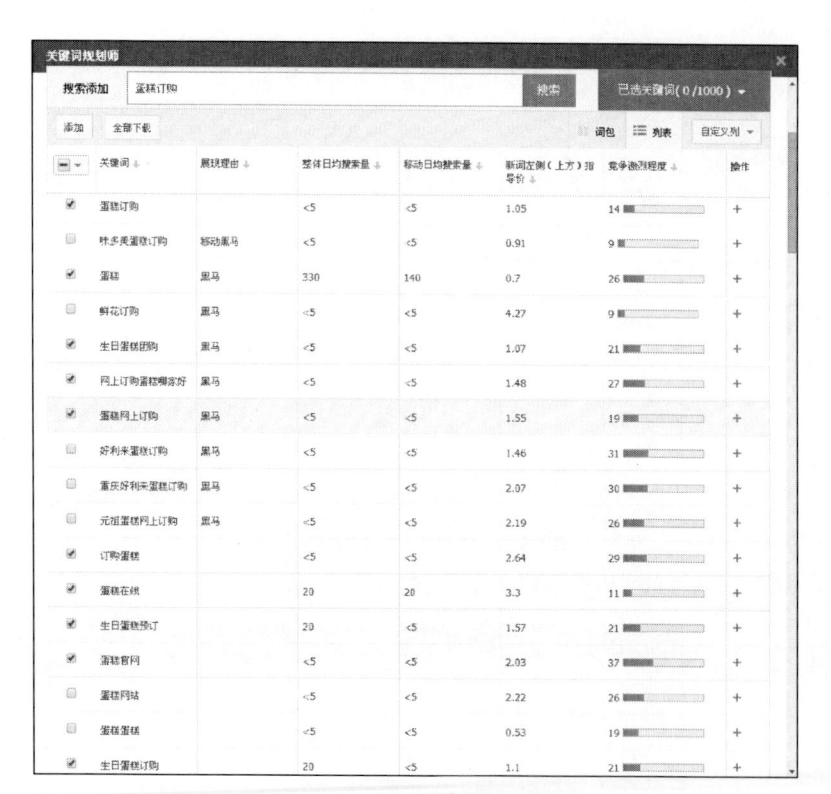

圖 10-8

圖 10-9

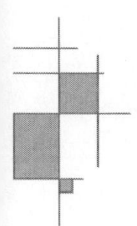

2. 在「蛋糕 DIY」單元中添加 10 個「蛋糕 DIY」相關的關鍵詞，如圖 10-10 所示；全部設置為「短語匹配」，如圖 10-11 所示。

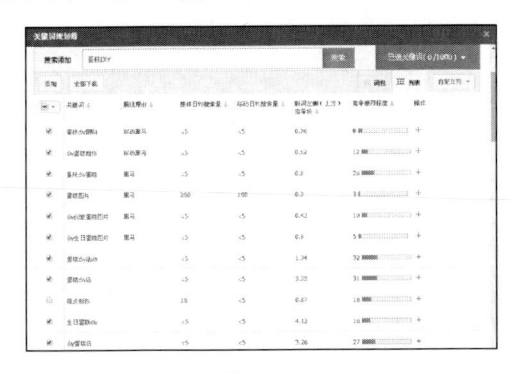

圖 10-10

圖 10-11

3. 在「蛋糕品類」單元中添加 10 個「蛋糕品類」相關的關鍵詞，全部設置為「廣泛匹配」。如圖 10-12 所示。

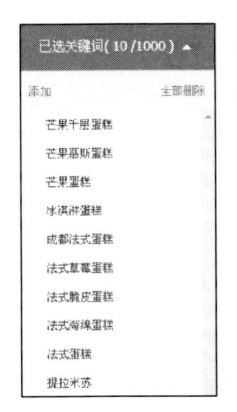

圖 10-12

4. 在「蛋糕店加盟」單元中添加 10 個「蛋糕店加盟」相關的關鍵詞，如圖 10-13 所示；全部設置為「短語匹配」，如圖 10-14 所示。

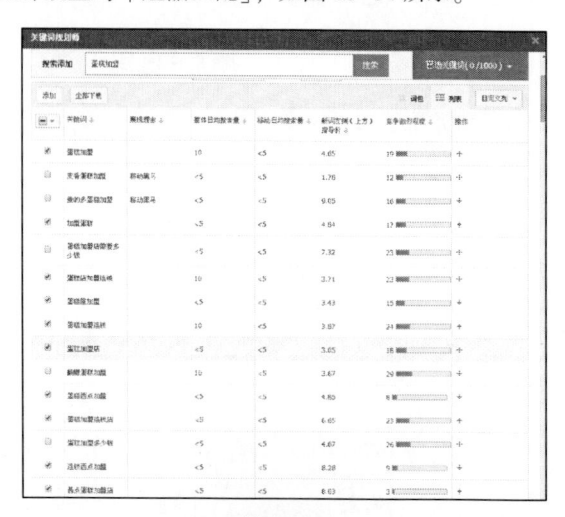

圖 10-13

圖 10-14

10.2.3　新增創意

1. 在「蛋糕訂購」單元中新增兩條與「蛋糕訂購」相關的創意。如圖 10-15、圖 10-16 所示。

圖 10-15

圖 10-16

2. 在「蛋糕DIY」單元中新增兩條與「蛋糕DIY」相關的創意。如圖10-17、

圖 10-18 所示。

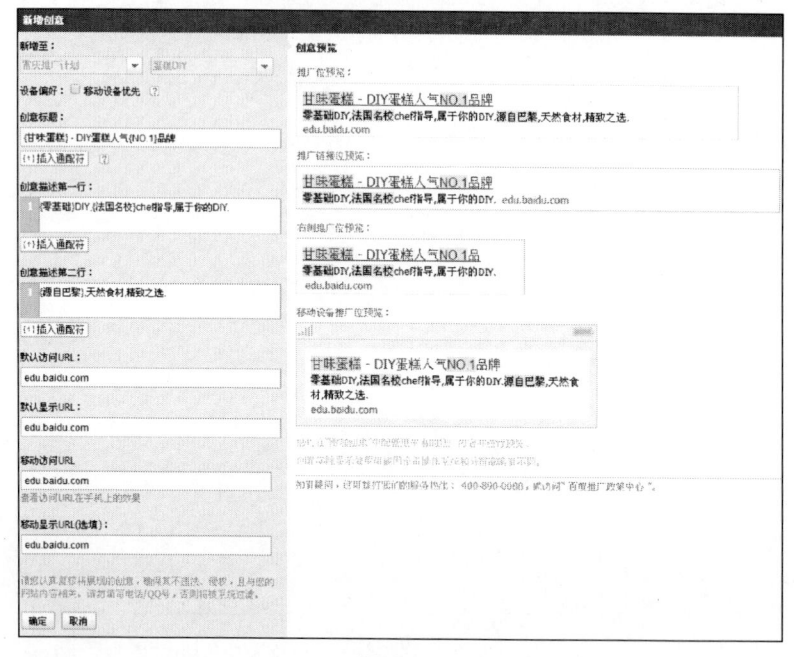

圖 10-17

圖 10-18

3. 在「蛋糕品類」單元中新增兩條與「蛋糕品類」相關的創意。如圖 10-19、圖 10-20 所示。

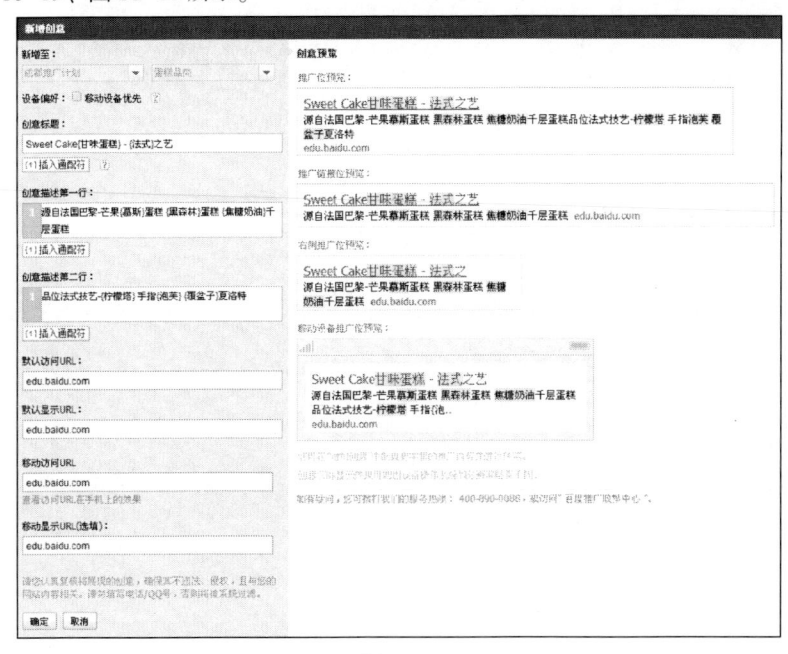

圖 10-19

圖 10-20

4. 在「蛋糕店加盟」單元中新增兩條與「蛋糕店加盟」相關的創意。如圖 10-21、圖 10-22 所示。

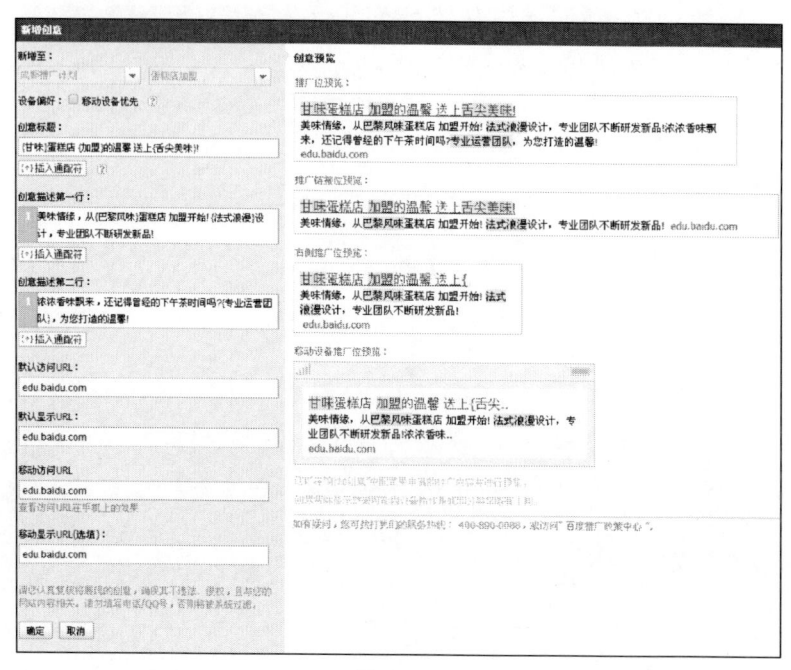

圖 10-21

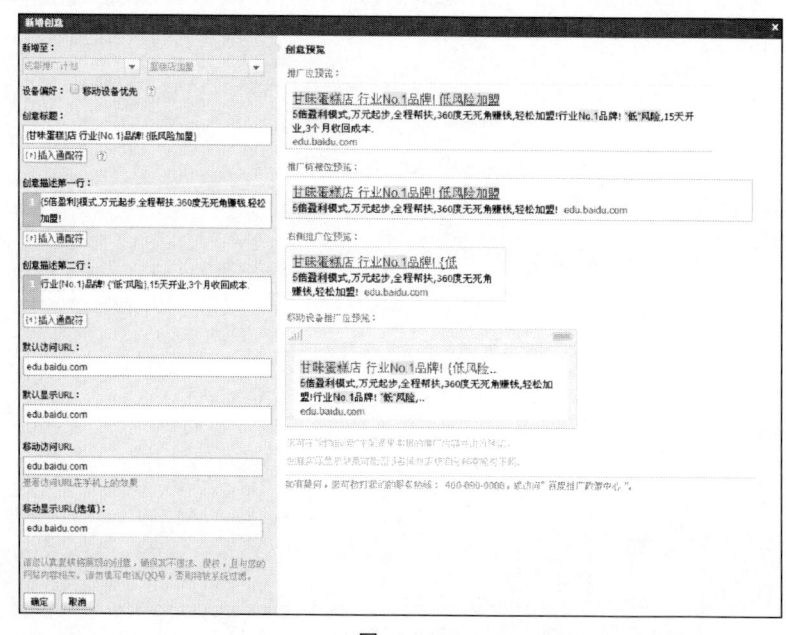

圖 10-22

10.3 各層級設置

10.3.1 帳戶層級的設置

1. 帳戶層級各方面的設置

（1）設置帳戶層級日預算為「3,000 元」。如圖 10-23 所示。

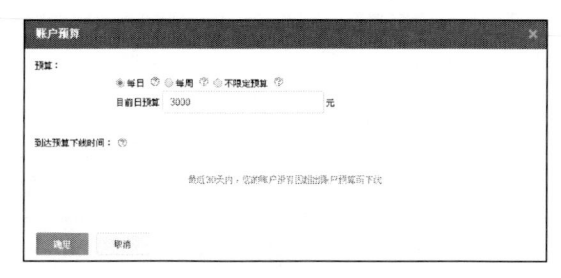

圖 10-23

（2）將帳戶層級推廣地域設置為「重慶」和「成都」。如圖 10-24 所示。

圖 10-24

10.3.2 推廣計劃層級的設置

1.「重慶推廣計劃」計劃層級設置

（1）設置日預算：將「重慶推廣計劃」日預算設置為「1,500」元。如圖 10-25 所示。

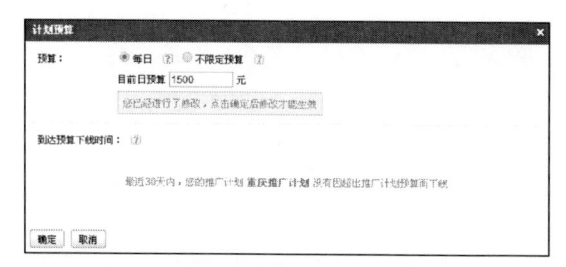

圖 10-25

（2）設置推廣時段：設置「重慶推廣計劃」推廣時段為「周一至周五 11：00~20：00，週末全天」，如圖 10-26 所示。

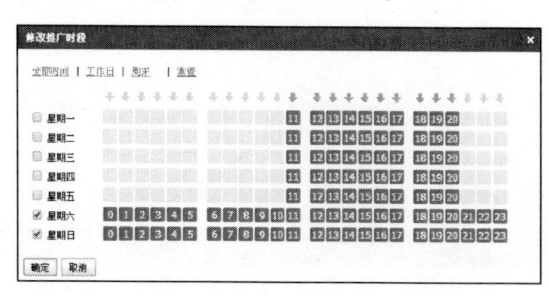

圖 10-26

（3）設置否定關鍵詞：設置「重慶推廣計劃」否定關鍵詞為「蛋糕原料」和「蛋糕師培訓」，如圖 10-27 所示。

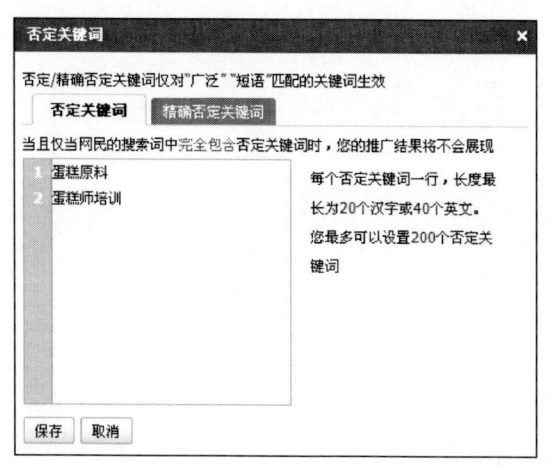

圖 10-27

（4）其他設置：將「重慶推廣計劃」推廣計劃名稱修改為「BIGER 重慶推廣計劃」，將創意展現方式設置為「優選」，如圖 10-28 所示。

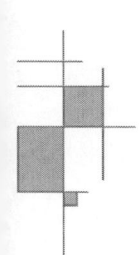

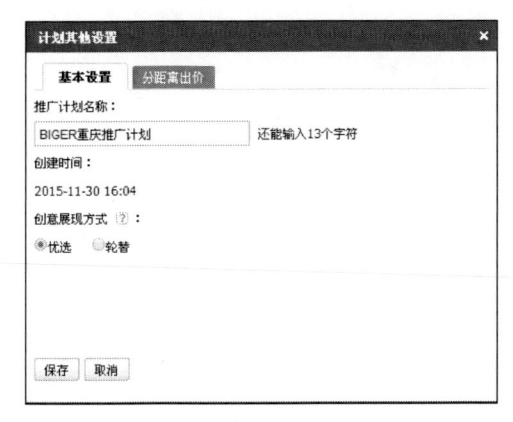

圖 10-28

（5）計劃狀態調整：設置為「有效」。如圖 10-29 所示。

圖 10-29

2.「成都推廣計劃」計劃層級設置

（1）設置日預算：設置「成都推廣計劃」日預算為「1,500」元。如圖 10-30 所示。

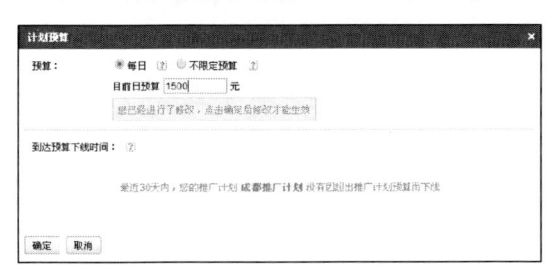

圖 10-30

（2）設置推廣時段：設置「成都推廣計劃」推廣時段為「周一至周五11：00 ~20：00，週末全天」，如圖 10-31 所示。

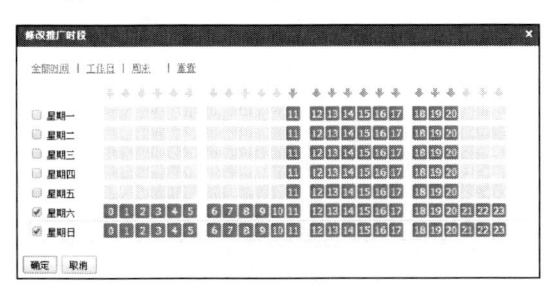

圖 10-31

181

（3）設置否定關鍵詞：設置「成都推廣計劃」否定關鍵詞為「蛋糕原料」和「蛋糕模具」，如圖 10-32 所示。

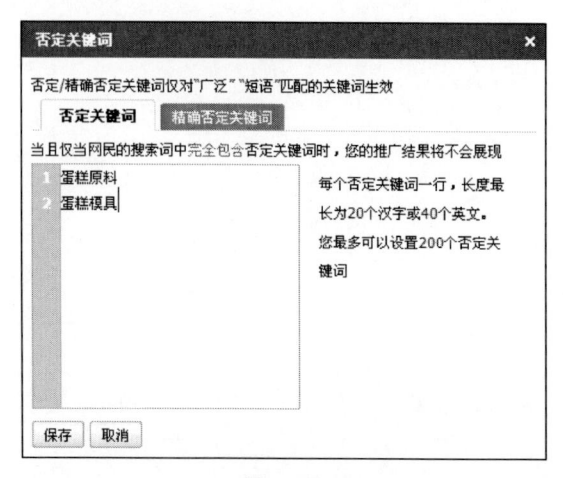

圖 10-32

（4）其他設置：將「成都推廣計劃」推廣計劃名稱修改為「BIGER 成都推廣計劃」，設置創意展現方式設置為「優選」，如圖 10-33 所示。

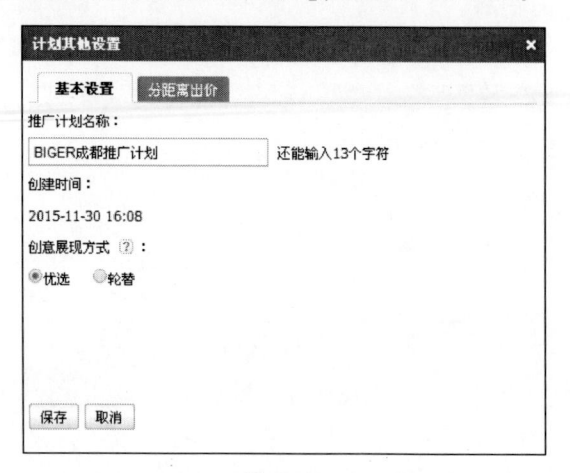

圖 10-33

（5）計劃狀態調整：設置為「有效」，如圖 10-34 所示。

圖 10-34

10.3.3 推廣單元層級設置

1. 修改推廣單元名稱

（1）將「BIGER 重慶推廣計劃」內的「蛋糕訂購」單元名稱修改為「蛋糕訂購-重慶」，如圖 10-35 所示。

圖 10-35

（2）將「BIGER 重慶推廣計劃」內的「蛋糕 DIY」單元名稱修改為「蛋糕 DIY-重慶」，如圖 10-36 所示。

圖 10-36

（3）將「BIGER 成都推廣計劃」內的「蛋糕品類」單元名稱修改為「蛋糕品類-成都」，如圖 10-37 所示。

圖 10-37

（4）將「BIGER 成都推廣計劃」內的「蛋糕店加盟」單元名稱修改為「蛋糕店加盟-成都」，如圖 10-38 所示。

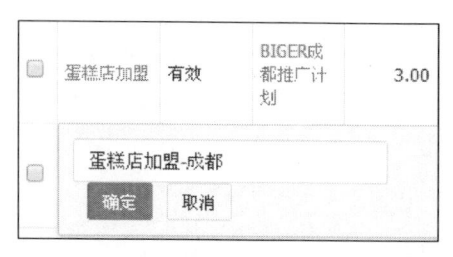

圖 10-38

2. 設置單元出價

（1）將「蛋糕訂購-重慶」單元層級出價從「3」元調整為「3.5」元，如圖 10-39、圖 10-40 所示。

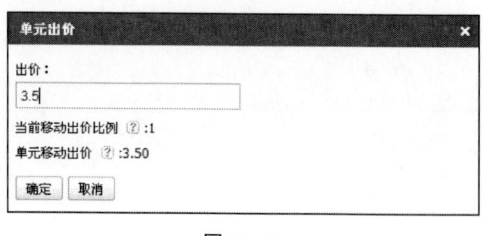

圖 10-39

圖 10-40

（2）設置單元出價：「蛋糕品類-成都」單元層級出價從「3」元調整為「3.5」元，如圖 10-41、圖 10-42 所示。

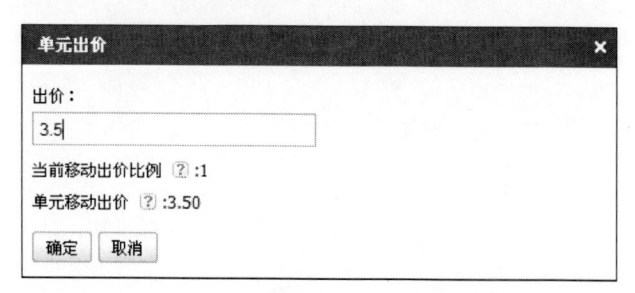

圖 10-41

| 蛋糕店加盟-成都 | 有效 | BIGER成都推广计划 | 3.50 |

圖 10-42

3. 設置否定關鍵詞

（1）將「蛋糕 DIY-重慶」單元層級否定關鍵詞設置為「學院」，精確否定關鍵詞「蛋糕學院」，如圖 10-43、圖 10-44 所示。

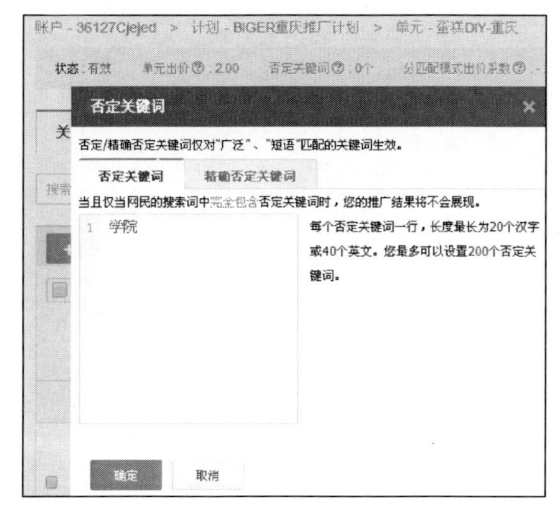

圖 10-43

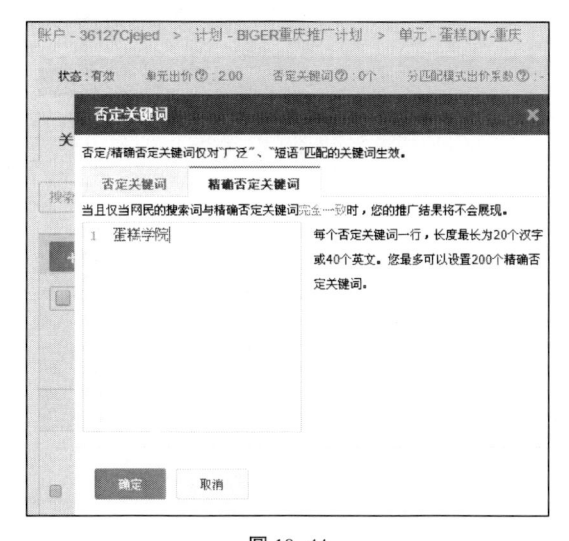

圖 10-44

4. 單元狀態調整

（1）所有單元格均設置為「有效」，如圖 10-45 所示。

圖 10-45

10.3.4 關鍵詞層級設置

1. 關鍵詞狀態調整

（1）將「蛋糕訂購-重慶」單元中的兩個關鍵詞設置為「暫停推廣」狀態，如圖 10-46 所示。

圖 10-46

1. 關鍵詞出價設置

（1）將「蛋糕訂購-重慶」單元中另兩個關鍵詞出價調整為「5.5」元，如圖 10-47、圖 10-48 所示。

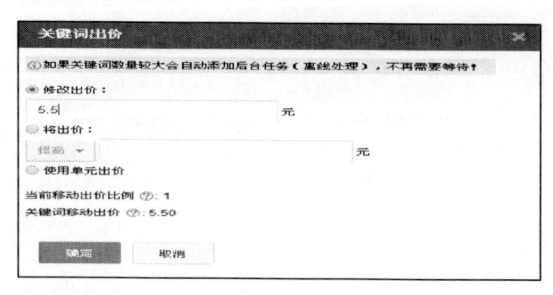

圖 10-47

圖 10-48

2. 關鍵詞匹配模式設置

（1）將「蛋糕訂購-重慶」單元中調整過出價的兩個關鍵詞調整為「短語」匹配，如圖 10-49、圖 10-50 所示。

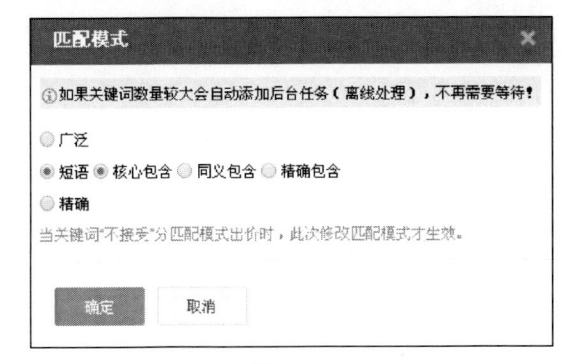

圖 10-49

圖 10-50

3. 關鍵詞訪問 URL 設置

（1）將「蛋糕訂購-重慶」單元中調整過出價的兩個關鍵詞訪問 URL 調整為「edu2.baidu.com」，如圖 10-51、圖 10-52 所示。

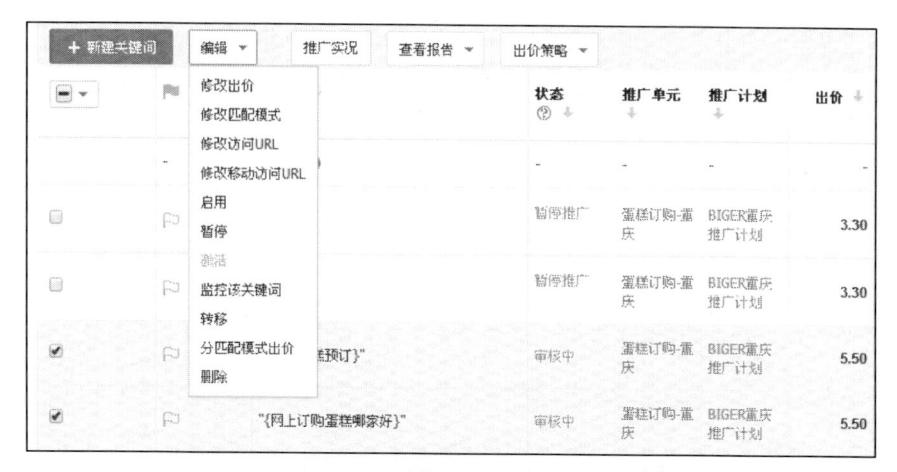

圖 10-51

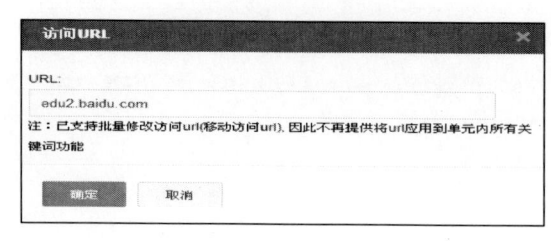

圖 10-52

10.3.5 創意層次設置

1. 在「蛋糕訂購-重慶」單元中的其中一個創意「描述 1」中加入「滿 100 元省 15 元」活動文字。如圖 10-53 所示。

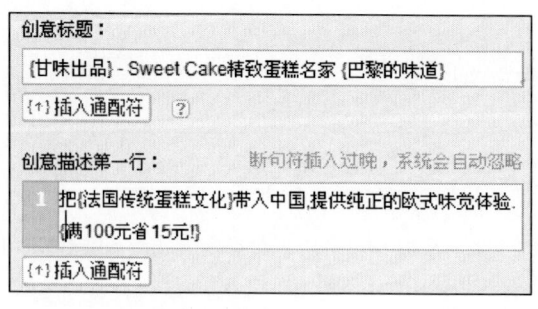

圖 10-53

2. 創意狀態調整（有效/暫停推廣）：將「蛋糕訂購-重慶」單元中的另一個創意設置為「暫停推廣」。如圖 10-54 所示。

創意	狀態 ? ↓
總計 - 2	-
Sweet Cake甘味蛋糕 订购蛋糕 收获甜蜜 Sweet Cake甘味蛋糕重磅升级,无防腐剂,天然奶油,精选优质食材,5小时急速送达,吮指美味,甘味! edu.baidu.com	暂停推广
甘味出品 - Sweet Cake精致蛋糕名家 巴黎的味道 把法国传统蛋糕文化带入中国,提供纯正的欧式味觉体验,满100元省15元订购的不仅是精致蛋糕,更是属于法国巴黎的一腔情怀. edu.baidu.com	审核中

圖 10-54

10 案例四：蛋糕店在重慶與成都的推廣

189

國家圖書館出版品預行編目（CIP）資料

前進大陸開店互聯網行銷實訓 / 袁也 主編. -- 第一版.
-- 臺北市：崧博出版：財經錢線文化發行, 2019.05
　　面；　公分
POD版

ISBN 978-957-735-849-3(平裝)

1.網路行銷

496　　　　　　　　　　　　　　108006478

書　　名：前進大陸開店互聯網行銷實訓
作　　者：袁也 主編
發 行 人：黃振庭
出 版 者：崧博出版事業有限公司
發 行 者：財經錢線文化事業有限公司
E - m a i l：sonbookservice@gmail.com
粉 絲 頁：　　　　　網址：
地　　址：台北市中正區重慶南路一段六十一號八樓815室
8F.-815, No.61, Sec. 1, Chongqing S. Rd., Zhongzheng Dist., Taipei City 100, Taiwan (R.O.C.)
電　　話：(02)2370-3310 傳　真：(02) 2370-3210
總 經 銷：紅螞蟻圖書有限公司
地　　址：台北市內湖區舊宗路二段121巷19號
電　　話：02-2795-3656 傳真：02-2795-4100　　網址：
印　　刷：京峯彩色印刷有限公司（京峰數位）

　　本書版權為西南財經大學出版社所有授權崧博出版事業股份有限公司獨家發行電子書及繁體書繁體字版。若有其他相關權利及授權需求請與本公司聯繫。

定　　價：350元
發行日期：2019年05月第一版
◎ 本書以POD印製發行